现代创意新思维 DESIGN

十二五高等院校
艺术设计规划教材

Unity 3D 游戏

场景设计 实例教程

李瑞森 王玺 吴慧剑／编著

李若梅／主审

人民邮电出版社

北 京

图书在版编目（CIP）数据

Unity 3D游戏场景设计实例教程 / 李瑞森，王至，
吴慧剑编著. -- 北京：人民邮电出版社，2014.5
现代创意新思维·十二五高等院校艺术设计规划教材
ISBN 978-7-115-34671-1

Ⅰ．①U… Ⅱ．①李… ②王… ③吴… Ⅲ．①三维动
画软件－高等学校－教材 Ⅳ．①TP391.41

中国版本图书馆CIP数据核字(2014)第026864号

内 容 提 要

本书针对 Unity3D 引擎进行了全面、系统的讲解，全书从结构上主要分为 3 大部分：概论、引擎知识讲解以及实例制作讲解。概论主要针对游戏图像技术的发展以及当今游戏制作领域的主流引擎技术进行介绍，引擎知识讲解是针对 Unity3D 引擎的理论与实际操作进行全面系统的讲解；野外游戏场景和室内游戏场景两大实例带领大家学习利用 Untiy3D 引擎编辑器制作游戏场景的整体流程、方法和技巧。

本书完整讲解了利用 Unity3D 引擎制作游戏场景的全过程，内容全面，结构清晰，可作为游戏爱好者入门游戏制作的基础教材，也可作为游戏设计院校的专业教材，对于一线从业人员本书还可当作 Unity 引擎的用户手册来参考和查阅。

◆ 编　著　李瑞森　王　至　吴慧剑
　　主　审　李若梅
　　责任编辑　王　威
　　责任印制　杨林杰

◆ 人民邮电出版社出版发行　北京市丰台区成寿寺路 11 号
　邮编　100164　电子邮件　315@ptpress.com.cn
　网址　http://www.ptpress.com.cn
　三河市祥达印刷包装有限公司印刷

◆ 开本：787×1092　1/16　　彩插：4
　印张：16.25　　　　　　　2014 年 5 月第 1 版
　字数：340 千字　　　　　　2025 年 1 月河北第14次印刷

定价：49.80 元（附光盘）

读者服务热线：(010)81055256　印装质量热线：(010)81055316
反盗版热线：(010)81055315
广告经营许可证：京东市监广登字20170147号

前言 Preface

Unity3D是由Unity Technologies公司开发的一个可以让用户轻松创建诸如三维视频游戏、建筑可视化、实时三维动画等互动类型内容的多平台综合型游戏开发工具，是一个全面整合的专业游戏引擎。Unity引擎凭借自身强大的技术、出色的跨平台能力以及低廉的授权价格，成为当今全球移动平台领域应用最为广泛的商业化游戏引擎，主要应用在手机游戏、平板电脑游戏以及网页游戏等方面的制作，Unity引擎在亚洲引擎市场的用户占有率居全球第一。

游戏引擎技术是当今游戏制作领域的核心技术，在引擎技术发展初期，只有在一线游戏制作公司才能接触到完整成熟的游戏引擎，对于想要学习这方面知识的人来说门槛很高。但随着行业发展和商业引擎的普及，现在越来越多的专业游戏引擎研发商都推出了共享版和试用版的游戏引擎应用程序，可以让越来越多的游戏制作爱好者和专业人士轻松接触和学习到最前沿和最先进的引擎技术。

本书以三维游戏场景制作为切入点，带领大家了解和学习利用Unity3D引擎制作游戏场景的整个流程、方法和技巧，全面系统地讲解整个Unity3D引擎编辑器的构架、理论知识和操作方法。书中同步配合讲解3ds Max三维制作软件的操作以及与Unity引擎的联合应用，同时，本书以一线游戏制作公司的制作规范和制作思路为指导，通过专业的游戏场景制作实例让读者在理论学习中加强实践操作能力和实战经验。

全书共分3大部分：概论部分、引擎知识讲解以及实例制作讲解。第1章属于概论部分，主要从游戏引擎定义以及世界游戏引擎发展史来进行讲解，同时介绍了当今世界的主流游戏引擎和引擎的基本功能。从第2章到第7章是对于Unity3D引擎理论和操作知识的讲解，分别从软件的安装、界面、菜单和系统功能这几方面进行讲解，同时配合小型实例来熟悉软件的操作流程。第8章和第9章是高级实例制作部分，分别通过野外综合场景实例和室内综合场景实例来进一步了解和学习Unity3D引擎在实际游戏项目中的制作流程、方法和技巧。

为了帮助大家更好地学习，在随书光盘中附有大量的资料，包括游戏场景原画设定、高清贴图素材、游戏范例贴图和游戏引擎技术展示视频等。光盘包含书中所有实例制作的模型、贴图以及Unity3D场景导出资源包，另外还提供了大量Unity3D引擎的扩展资源包素材，以供大家参考和学习。同时大家可以访问博客（http://blog.sina.com.cn/chaosthinking）和QQ群（228749417）来进行相关的学习交流。

由于作者水平有限，疏漏之处在所难免，恳请广大读者指正。

作者

2014年1月

Editor in Chief 作者简介

李瑞森，Autodesk AAI认证讲师、3ds Max产品专家、Adobe ACCD中国认证设计师。北京林果日盛科技有限公司游戏场景美术设计师，曾参与《风火之旅Online》和《QQ西游》

的研发。大宇软星科技（北京）有限公司高级游戏美术设计师，参与大型MMORPG《三国战魂》的全程研发制作，后参与《仙剑奇侠传五》的场景设计制作。现任山东宇扬动漫文化有限公司产品总监，执导的多部动漫作品在省级和国家级的多个奖项评选中获奖。由其主编的《游戏场景设计实例教程》获国家"十二五"职业教育规划教材立项，已作为高等院校游戏设计与开发规划教材广泛应用于各个高校的游戏设计专业，受到广泛好评。

目录Contents

CHAPTER 1 游戏引擎概论 1

1.1 游戏引擎的定义 2

1.2 游戏引擎的发展史 3

    1.2.1 引擎的诞生 3

    1.2.2 引擎的发展 4

    1.2.3 引擎的革命 7

    1.2.4 国内游戏引擎发展简述 10

1.3 世界主流游戏引擎介绍 14

    1.3.1 Unreal虚幻引擎 14

    1.3.2 CryEngine引擎 15

    1.3.3 Frostbite（寒霜）引擎 17

    1.3.4 Gamebryo引擎 18

    1.3.5 BigWorld（大世界）引擎 20

    1.3.6 id Tech引擎 21

    1.3.7 Source（起源）引擎 22

    1.3.8 Unity3D引擎 23

1.4 游戏引擎编辑器的基本功能 24

    1.4.1 地形编辑功能 25

    1.4.2 模型的导入 28

    1.4.3 添加粒子及动画特效 29

    1.4.4 设置物体属性 30

    1.4.5 设置触发事件和摄像机动画 30

CHAPTER 2

Unity3D引擎基础讲解 **32**

2.1 Unity3D引擎介绍	**33**
2.2 Unity3D引擎软件的安装	**37**
2.3 Unity3D引擎软件界面讲解	**40**
2.3.1 Project View项目面板	40
2.3.2 Hierarchy层级面板	41
2.3.3 Toolbar工具栏面板	42
2.3.4 Scene View场景视图	43
2.3.5 Game View游戏视图	45
2.3.6 Inspector属性面板	46
2.4 Unity3D引擎软件菜单讲解	**46**
2.4.1 File文件菜单	46
2.4.2 Edit编辑菜单	47
2.4.3 Assets资源菜单	49
2.4.4 GameObject游戏对象菜单	50
2.4.5 Component组件菜单	50
2.4.6 Terrain地形菜单	51
2.4.7 Window窗口菜单	51
2.4.8 Help帮助菜单	52

CHAPTER 3

Unity3D引擎的系统功能 **53**

3.1 地形编辑功能	**54**
3.2 模型编辑功能	**61**
3.3 光源系统	**62**
3.4 Shader系统	**66**
3.5 粒子系统	**73**
3.6 动画系统	**74**
3.7 物理系统	**76**
3.8 脚本系统	**80**
3.9 音效系统	**81**
3.10 Unity3D的输出功能	**83**

CHAPTER 4

Unity3D山体地形的制作 86

4.1　地形的建立 **89**
4.2　利用笔刷工具编辑地形 **91**
4.3　地表贴图的绘制 **94**
4.4　添加植物模型 **97**
4.5　制作天空盒子 **99**
4.6　为场景添加光影照明 **103**

CHAPTER 5

Unity3D模型的导入与编辑 105

5.1　3dsMax模型的导出 **106**
　　5.1.1　3dsMax模型制作要求 106
　　5.1.2　模型比例设置 109
　　5.1.3　FBX文件的导出 111
　　5.1.4　场景模型的制作流程和检验标准 112
5.2　Unity3D模型的导入 **114**
5.3　Unity引擎编辑器模型的设置 **115**

CHAPTER 6

Unity3D水系的制作 117

6.1　Unity引擎水面的制作 **119**
6.2　瀑布效果的制作 **124**
6.3　喷泉效果的制作 **129**

CHAPTER 7

Unity3D粒子系统详解 131

7.1　Legacy Particles粒子组件 **132**
7.2　Particle System粒子系统 **138**
7.3　Unity粒子实例火焰的制作 **144**
7.4　Unity粒子实例落叶的制作 **150**

CHAPTER 8 Unity3D野外综合场景实例制作 155

8.1 3dsMax场景模型的制作 158
8.1.1 场景建筑模型的制作 158
8.1.2 场景装饰道具模型的制作 168
8.1.3 山石模型的制作 177
8.1.4 植物模型的制作 183
8.2 Unity3D地形的创建与编辑 191
8.3 模型的导入与设置 199
8.4 Unity3D场景元素的整合 202
8.5 制作添加场景特效 208
8.6 场景音效与输出设置 213

CHAPTER 9 Unity3D室内综合场景实例制作 216

9.1 场景模型的制作 220
9.2 场景资源优化处理 234
9.3 Unity3D模型的导入与设置 238
9.4 场景光源、特效及输出设置 246

附录1 Unity3D引擎编辑器快捷键列表 249
附录2 Unity3D引擎制作游戏项目案例 253

游戏引擎概论

1.1 游戏引擎的定义

"引擎"（Engine）这个词汇最早出现在汽车领域，引擎是汽车的动力来源，它就如同汽车的心脏，决定着汽车的性能和稳定性，汽车的速度、操纵感等直接与驾驶相关的指标都是建立在引擎的基础上的。电脑游戏也是如此，玩家所体验到的剧情、关卡、美工、音乐和操作等内容都是由游戏的引擎直接控制的，它扮演着中场发动机的角色，把游戏中的所有元素捆绑在一起，在后台指挥它们同步有序地工作。简单来说，游戏引擎就是用于控制所有游戏功能的主程序，从模型控制到计算碰撞、物理系统和物体的相对位置，再到接收玩家的输入，以及按照正确的音量输出声音等都属于游戏引擎的功能范畴。

无论是 2D 游戏还是 3D 游戏，无论是角色扮演游戏、即时策略游戏、冒险解谜游戏或是动作射击游戏，哪怕是一个只有 1MB 的桌面小游戏，都有这样一段起控制作用的代码，我们可以笼统的称这段代码为引擎。或许在早期的像素游戏时代，一段简单的程序编码就可以被称为引擎，但随着计算机游戏技术的发展，经过不断的进化，如今的游戏引擎已经发展为一套由多个子系统共同构成的复杂系统，从建模、动画到光影、粒子特效，从物理系统、碰撞检测到文件管理、网络特性，还有专业的编辑工具和插件，几乎涵盖了开发过程中的所有重要环节，这一切所构成的集合系统才是我们今天真正意义上的游戏引擎，而一套完整成熟的游戏引擎也必须包含以下几方面的功能。

首先是光影效果，即场景中的光源对所有物体的影响方式。游戏的光影效果完全是由引擎控制的，折射、反射等基本的光学原理以及动态光源、彩色光源等高级效果都是通过游戏引擎的不同编程技术实现的。

其次是动画，目前游戏所采用的动画系统可以分为两种：一种是骨骼动画系统，另一种是模型动画系统。前者用内置的骨骼带动物体产生运动，比较常见，而后者则是在模型的基础上直接进行变形。这两种动画系统的结合，可以帮助动画师为游戏中的对象制作出更加丰富的动画效果。

游戏引擎的另一重要功能是提供物理系统，这可以使物体的运动遵循固定的规律，例如，当角色跳起的时候，系统内定的重力值将决定他能跳多高，以及他下落的速度有多快。另外，例如子弹的飞行轨迹、车辆的颠簸方式等也都是由物理系统决定的。

碰撞探测是物理系统的核心部分，它可以探测游戏中各物体的物理边缘。当两个 3D 物体撞在一起的时候，这种技术可以防止它们相互穿过，这就确保了当角色撞在墙上的时候，不会穿墙而过，也不会把墙撞倒，因为碰撞探测会根据角色和墙之间的特性确定两者的位置和相互的作用关系。

渲染是游戏引擎最重要的功能之一，当 3D 模型制作完毕后，游戏美术师会为模型添加材质和贴图，最后再通过引擎渲染把模型、动画、光影和特效等所有效果实时计算出来并展示在屏幕上，渲染模块在游戏引擎的所有部件中是最复杂的，它的强大与否直接决定着最终游戏画面的质量。

游戏引擎还有一个重要的职责就是负责玩家与电脑之间的沟通，包括处理来自键盘、鼠标、摇杆和其他外设的输入信号。如果游戏支持联网特性的话，网络代码也会被集成在引擎中，用于管理客户端与服务器之间的通信。

1.2　游戏引擎的发展史

1.2.1　引擎的诞生（1991年-1993年）

1992 年，美国 Apogee 软件公司代理发行了一款名叫《德军司令部 3D（Wolfenstein 3D）》的射击游戏（见图 1-1），游戏的容量只有 2MB，以现在的眼光来看这款游戏只能算是微型小游戏，但在当时即使用"革命"这一极富煽动色彩的词语也无法形容出它在整个电脑游戏发展史上占据的重要地位。稍有资历的玩家可能都还记得当初接触它时的兴奋心情，这部游戏开创了第一人称射击游戏的先河，更重要的是，它在由宽度 X 轴和高度 Y 轴构成的图像平面上增加了一个前后纵深的 Z 轴，这根 Z 轴正是三维游戏的核心与基础，它的出现标志着 3D 游戏时代的萌芽与到来。

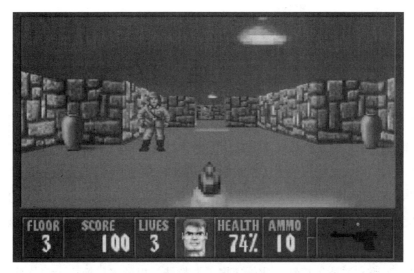

图 1-1　当时具有革命性画面的《德军司令部 3D》

《德军司令部 3D》游戏的核心程序代码，也就是我们今天所说的游戏引擎的作者正是如今大名鼎鼎的约翰·卡马克（John Carmack），他在世界游戏引擎发展史上的地位无可替代。1991 年他创办了 id Software 公司，正是凭借《德军司令部》的 Wolfenstein 3D 游戏引擎让这位当初名不见经传的程序员在游戏圈中站稳了脚跟，之后 id soft 公司凭借《毁灭战士（Doom）》、《雷神之锤（Quake）》等系列游戏作品成为当今世界最为著名的三维游戏研发公司，而约翰卡马克也被奉为游戏编程大师。

随着《德军司令部 3D》的大获成功，id Software 公司于 1993 年发布了自主研发的第二款 3D 游戏《毁灭战士（Doom）》。Doom 引擎在技术上大大超越了 Wolfenstein 3D 引擎，《德军司令部 3D》中的所有物体大小都是固定的，所有路径之间的角度都是直角，也就是说玩家只能笔直地前进或后退，这些局限在《毁灭战士》中都得到了突破，尽管游戏的关卡还是维持在 2D 平面上进行制作，没有"楼上楼"的概念，但墙壁的厚度和路径之间的角度已经有了不同的变化，这使得楼梯、升降平台、塔楼和户外等各种场景成为可能。

虽然 Doom 的引擎在今天看来仍然缺乏细节，但开发者在当时条件下的设计表现却让人叹服。另外，更值得一提的是 Doom 引擎是第一个被正式用于授权的游戏引擎。1993 年年底，Raven 公司采用改进后的 Doom 引擎开发了一款名为《投影者（ShadowCaster）》的游戏，这是世界游戏史上第一例成功的"嫁接手术"。1994 年 Raven 公司采用 Doom 引擎开发了《异教徒（Heretic）》游戏，为引擎增加了飞行的特性，成为跳跃动作的前身。1995 年 Raven 公司采用 Doom 引擎开发了《毁灭巫师（Hexen）》，加入了新的音效技术、脚本技术以及一种类似集线器的关卡设计，使玩家可以在不同关卡之间自由移动。Raven 公司与 id Software 公司之间的一系列合作充分说明了引擎的授权无论对于使用者还是开发者来说都是大有裨益的，只有把自己的引擎交给更多的人去使用才能使游戏引擎不断地成熟和发展起来。

1.2.2　引擎的发展（1994年−1997年）

虽然在如今的游戏时代，游戏引擎可以拿来用作各种类型游戏的研发设计，但从世界游戏引擎发展史来看，引擎却总是伴随着 FPS（第一人称射击）游戏的发展而进化。无论是第一款游戏引擎的诞生，还是次时代引擎的出现，游戏引擎往往都是将 FPS 游戏作为载体展现在世人面前，这已然成为了游戏引擎发展的一条定律。

在引擎的进化过程中，肯·西尔弗曼于 1994 年为 3D Realms 公司开发的 Build 引擎是一个重要的里程碑，Build 引擎的前身就是家喻户晓的《毁灭公爵（Duke Nukem 3D）》（如图 1-2），《毁灭公爵》已经具备了今天第一人称射击游戏中的所有标准内容，如跳跃、360度环视以及下蹲和游泳等特性，此外还把《异教徒》里的飞行换成了喷气背包，甚至加入了角色缩小等令人耳目一新的内容。在 Build 引擎的基础上先后诞生过 14 款游戏，例如《农夫也疯狂（Redneck Rampage）》、《阴影武士（Shadow Warrior）》和《血兆（Blood）》等，还有台湾艾生资讯开发的《七侠五义》，这是当时国内为数不多的几款 3D 游戏之一。Build 引擎的授权业务大约为 3D Realms 公司带来了一百多万美元的额外收入，3D Realms

公司也由此而成为了引擎授权市场上最早的受益者。尽管如此，但是总体来看 Build 引擎并没有为 3D 引擎的发展带来实质性的变化，突破的任务最终由 id Software 公司的《雷神之锤（Quake）》完成了。

图 1-2　相对于第一款 3D 游戏而言《毁灭公爵》的画面有了明显进步

随着时代的变革和发展，游戏公司对于游戏引擎的重视程度日益提高，《雷神之锤》系列作为 3D 游戏史上最伟大的游戏系列之一，其创造者——游戏编程大师约翰·卡马克，对游戏引擎技术的发展做出了前无古人的卓越贡献。从 1996 年《QuakeI》的问世到《QuakeII》，再到后来风靡世界的《QuakeIII》（见图 1-3），每一次换代都把游戏引擎技术推向了一个新的极致。在《QuakeIII》之后，卡马克将引擎的源代码公开发布，将自己辛苦研发的技术贡献给了全世界，虽然现在《Quake》引擎已经被淹没在了浩瀚的历史长河中，但无数程序员都承认卡马克的引擎源代码对于自己的学习和成长有着十分重要的作用。

图 1-3　从 Quake Ⅰ 到 Quake Ⅲ画面的发展

Quake 引擎是当时第一款完全支持多边形模型、动画和粒子特效的真正意义上的 3D 引擎，而不是像 Doom、Build 那样的 2.5D 引擎，此外 Quake 引擎还促使了多人连线游戏的产生。尽管几年前的《毁灭战士》也能通过调制解调器连线对战，但最终把网络游戏带入大众视野之中的还是《雷神之锤》，也是它促成了世界电子竞技产业的发展。

一年之后，id Software 公司推出《雷神之锤 2》，一举确定了自己在 3D 引擎市场上的霸主地位，《雷神之锤 2》采用了一套全新的引擎，可以更充分地利用 3D 加速和 OpenGL 技术，在图像和网络方面与前作相比有了质的飞跃，Raven 公司的《异教徒 2》和《军事冒险家》、Ritual 公司的《原罪》、Xatrix 娱乐公司的《首脑：犯罪生涯》以及离子风暴工作室的《安纳克朗诺克斯》都采用了 Quake II 引擎。

在《QuakeII》还在独霸市场的时候，后起之秀 Epic 公司携带着它们自己的《Unreal（虚幻）》（如图 1-4）问世，尽管当时只是在 300×200 的分辨率下运行的这款游戏，但游戏中的许多特效即便在今天看来依然很出色：荡漾的水波、美丽的天空、庞大的关卡、逼真的火焰和烟雾以及力场效果等，从单纯的画面效果来看，《虚幻》在当时是当之无愧的佼佼者，其震撼力完全可以与人们第一次见到《德军司令部》时的感受相比。

图 1-4 《虚幻》引擎的 LOGO

谁都没有想到这款用游戏名字命名的游戏引擎在日后的引擎大战中发展成了一股强大的力量，Unreal 引擎在推出后的两年内就有 18 款游戏与 Epic 公司签订了许可协议，这还不包括 Epic 公司自己开发的《虚幻》资料片《重返纳帕利》、第三人称动作游戏《北欧神符（Rune）》、角色扮演游戏《杀出重围（Deus Ex）》以及最终也没有上市的第一人称射击游戏《永远的毁灭公爵（Duke Nukem Forever）》等。Unreal 引擎的应用范围不仅包括游戏制作，还涵盖了教育、建筑等其他领域，Digital Design 公司曾与联合国教科文组织的世界文化遗产分部合作采用 Unreal 引擎制作过巴黎圣母院的内部虚拟演示，ZenTao 公司采用 Unreal 引擎为空手道选手制作过武术训练软件，另一家软件开发商 Vito Miliano 公司也采用 Unreal 引擎开发了一套名为"Unrealty"的建筑设计软件，用于房地产的演示，如今 Unreal 引擎早已经从激烈的竞争中脱颖而出，成为当下主流的次时代游戏引擎。

1.2.3　引擎的革命（1998年-2000年）

在虚幻引擎诞生后，引擎在游戏图像技术上的发展出现了短暂的瓶颈期，例如所有采用 Doom 引擎制作的游戏，无论是《异教徒》还是《毁灭战士》，都有着相似的内容，甚至连情节设定都如出一辙，玩家开始对端着枪跑来跑去的单调模式感到厌倦，开发者们不得不从其他方面寻求突破，由此掀起了 FPS 游戏的一个新高潮。

两部划时代的作品同时出现在 1998 年——Valve 公司的《半条命（Half-Life）》和 LookingGlass 工作室的《神偷：暗黑计划（Thief：The Dark Project）》（见图 1-5），尽管此前的很多游戏也为引擎技术带来过许多新的特性，但没有哪款游戏能像《半条命》和《神偷》那样对后来的作品以及引擎技术的进化造成如此深远的影响。曾获得无数大奖的《半条命》采用的是 Quake 和 Quake II 引擎的混合体，Valve 公司在这两部引擎的基础上加入了两个很重要的特性：一是脚本序列技术，这一技术可以令游戏通过触动事件的方式让玩家真实地体验游戏情节的发展，这对于自诞生以来就很少注重情节的 FPS 游戏来说无疑是一次伟大的革命。第二个特性是对 AI 人工智能引擎的改进，敌人的行动与以往相比有了更为复杂和智能化的变化，不再是单纯地扑向枪口。这两个特点赋予了《半条命》引擎鲜明的个性，在此基础上诞生的《要塞小分队》、《反恐精英》和《毁灭之日》等优秀作品又通过网络代码的加入令《半条命》引擎焕发出了更为夺目的光芒。

图 1-5　《半条命》和《神偷：暗黑计划》的游戏画面

在人工智能方面真正取得突破的游戏是 Looking Glass 工作室的《神偷：暗黑计划》，游戏的故事发生在中世纪，玩家扮演一名盗贼，任务是进入不同的场所，在尽量不引起别人注意的情况下窃取物品。《神偷》采用的是 Looking Glass 工作室自行开发的 Dark 引擎，

Dark 引擎在图像方面比不上《雷神之锤 2》或《虚幻》，但在人工智能方面它的水准却远远高于后两者，游戏中的敌人懂得根据声音辨认玩家的方位，能够分辨出不同地面上的脚步声，在不同的光照环境下有不同的判断，发现同伴的尸体后会进入警戒状态，还会针对玩家的行动做出各种合理的反应，玩家必须躲在暗处不被敌人发现才有可能完成任务，这在以往那些纯粹的杀戮射击游戏中是根本见不到的。遗憾的是由于 Looking Glass 工作室的过早倒闭，Dark 引擎未能发扬光大，除了《神偷：暗黑计划》外，采用这一引擎的只有《神偷 2：金属时代》和《系统震撼 2》等少数几款游戏。

受《半条命》和《神偷：暗黑计划》两款游戏的启发，越来越多的开发者开始把注意力从单纯的视觉效果转向更具变化的游戏内容，其中比较值得一提的是离子风暴工作室出品的《杀出重围》，《杀出重围》采用的是 Unreal 引擎，尽管画面效果十分出众，但在人工智能方面它无法达到《神偷》系列的水准，游戏中的敌人更多的是依靠预先设定的脚本做出反应。即便如此，视觉图像的品质抵消了人工智能方面的缺陷，而真正帮助《杀出重围》在众多射击游戏中脱颖而出的是它独特的游戏风格，游戏含有浓重的角色扮演成分，人物可以积累经验、提高技能，还有丰富的对话和曲折的情节。同《半条命》一样，《杀出重围》的成功说明了叙事对第一人称射击游戏的重要性，能否更好地支持游戏的叙事能力成为了一个衡量引擎好坏的新标准。

图 1-6　奠定新时代 3D 游戏标杆的《虚幻竞技场》

从 2000 年开始 3D 引擎朝着两个不同的方向分化。一是像《半条命》、《神偷》和《杀出重围》那样通过融入更多的叙事成分、角色扮演成分以及加强人工智能来提高游戏的可玩性；二是朝着纯粹的网络模式发展，在这方面 id Software 公司再次走到了整个行业的最前沿，在 Quake II 出色的图像引擎基础上加入更多的网络互动方式，破天荒推出了一款完全没有单人过关模式的网络游戏——《雷神之锤 3 竞技场（Quake III Arena）》，它与 Epic 公司之后推出的《虚幻竞技场（Unreal Tournament）》（见图 1-6）一同成为引擎发展史上一个新的转折点。

Epic 公司的《虚幻竞技场》虽然比《雷神之锤 3 竞技场》落后了一步，但如果仔细比较就会发现它的表现其实要略胜一筹，从画面方面看两者几乎相等，但在联网模式上，它不仅提供死亡竞赛模式，还提供团队合作等多种网络对战模式，而且虚幻引擎不仅可以应用在动作射击游戏中，还可以为大型多人游戏、即时策略游戏和角色扮演游戏提供强有力的 3D 支持。Unreal 引擎在许可业务方面的表现也超过了 Quake III，迄今为止采用 Unreal 引擎制作的游戏大约已经有上百款，其中包括《星际迷航深度空间九：坠落》、《新传说》和《塞拉菲姆》等。

在 1998 年到 2000 年期间另一款迅速崛起的引擎是 Monolith 公司的 LithTech 引擎，这款引擎最初是用在机甲射击游戏《升刚（Shogo）》上的，LithTech 引擎的开发共花了整整五年时间，耗资 700 万美元。1998 年 LithTech 引擎的第一个版本推出之后立即引起了业界的关注，为当时处于白热化状态下的《雷神之锤 2》VS《虚幻》之争泼了一盆冷水，采用 LithTech 第一代引擎制作的游戏包括《血兆 2》和《清醒（Sanity）》等。2000 年 LithTech 的 2.0 版本和 2.5 版本，加入了骨骼动画和高级地形系统，给人留下深刻印象的《无人永生（No One Lives Forever）》以及《全球行动（Global Operations）》采用的就是 LithTech 2.5 引擎，此时的 LithTech 已经从一名有益的补充者变成了一款同 Quake III 和 Unreal Tournament 平起平坐的引擎。之后 LithTech 引擎的 3.0 版本也随之发布，并且衍生出了"木星"（Jupiter）、"鹰爪"（Talon）、"深蓝"（Cobalt）和"探索"（Discovery）四大系统，其中"鹰爪"被用于开发《异形大战掠夺者 2（Alien Vs. Predator 2）》，"木星"被用于《无人永生 2》的开发，"深蓝"用于开发 PS2 版《无人永生》。曾有业内人士评价，用 LithTech 引擎开发的游戏，无一例外地都是 3D 类游戏的顶尖之作。

作为游戏引擎发展史上的一批黑马，德国的 Crytek Studios 公司仅凭借一款《孤岛危机》游戏在当年的 E3 大展上惊艳四座，其 CryEngine 引擎强大的物理模拟效果和自然景观技术足以和当时最优秀的游戏引擎相媲美。CryEngine 具有许多绘图、物理和动画技术以及游戏部分的加强，其中包括体积云、即时动态光影、场景光线吸收、3D 海洋技术、场景深度、物件真实的动态半影、真实的脸部动画、光通过半透明物体时的散射、可破坏的建筑物、可破坏的树木、进阶的物理效果让树木对于风、雨和玩家的动作能有更真实的反应、载具不同部位造成的伤害、高动态光照渲染、可互动和破坏的环境和进阶的粒子系统等，例如火和雨会被外力所影响而改变方向、日夜变换效果、光芒特效、水底的折射效果以及以视差贴图创造非常高分辨率的材质表面、16 公里远距离的视野、人体骨骼模拟、程序上运动弯曲模型等，图 1-7 为 CryEngine 的操作界面。

图 1-7　CryEngine 引擎编辑器的操作界面

　　对比来看似乎 Crytek 与 Epic 有着很多共同点，都是因为一款游戏获得世界瞩目，都是用游戏名字命名了游戏引擎，也同样都是在日后的发展中由单纯的电脑游戏制作公司转型为专业的游戏引擎研发公司。我们很难去评论这样的发展之路是否是通向成功的唯一途径，但我们都能看到的是游戏引擎技术在当今电脑游戏领域中无可替代的核心作用，过去单纯依靠程序、美工的时代已经结束，以游戏引擎为中心的集体合作时代已经到来，这就是当今游戏技术领域我们所说的游戏引擎时代。

1.2.4　国内游戏引擎发展简述

　　中国的电脑游戏制作行业起步并不算晚，早在 20 世纪 80 年代，在欧美电脑游戏和日本电视游戏的冲击下，以台湾地区为代表的电脑游戏制作业进入了起步发展时期。1984 年，由第三波公司创办的"金软件排行榜"，以优厚的奖金鼓励国人自制游戏，催生了中文原创游戏从无到有的过程，同时更为国产游戏培养了大批优秀的人才，早期的台湾地区三大游戏公司：精讯科技、大宇资讯、智冠科技便是在这个时候成立并发展起来的。台湾大宇公司蔡明宏（大宇轩辕剑系列的创始人）于 1987 年在苹果机平台制作的《屠龙战记》，80年代末 90 年代初期，精讯公司发行的《侠客英雄传》和智冠公司的《神州八剑》都是中国最早的一批电脑游戏作品。

　　进入 20 世纪 90 年代后国内自主研发的电脑游戏作品日益增多，与国外游戏制作产业发展不同的是，在当时国内电脑游戏主要以 RPG（角色扮演类）游戏为主，游戏的制作都是以汇编语言作为基础，利用 QBASIC 语言编写的 DOS 游戏，同时加上美术贴图和任务文本共同组成，游戏引擎对于当时的国内游戏制作业还是一个完全陌生的词汇，这种情况一直持续到 90 年代后期。

　　在 2000 年前后，经历了国内第一次游戏产业泡沫覆灭的洗礼，国内的游戏制作公司逐渐进入了稳定阶段，一些知名的游戏工作室相继推出了自己的经典作品，例如金山公司西山居工作室的《剑侠情缘2》、大宇DOMO工作室的《轩辕剑3》、大宇狂徒工作室的《仙剑奇侠传2》等。在完全摆脱了DOS平台后，对于Windows平台游戏的开发各个公司都引入了全新的制作技术，更重要的是，在欧美引擎技术和理念的影响下，各个公司都开始了自主游戏引擎的研发，例如DOMO工作室自主研发的游戏引擎就应用到了《仙剑奇侠传2》、《大富翁4》和《轩辕剑3》等游戏的制作中，从此国内游戏制作领域正式开启了引擎技术制作的时代。

2000年后，国产游戏如雨后春笋般出现其中不乏一些精品：大宇公司的仙剑系列、轩辕剑系列、大富翁系列以及金山公司的剑侠情缘系列等。2003年，大宇公司制作发行的《仙剑奇侠传3》和一年后的资料片《仙奇侠传剑3：问情篇》（见图1-8），这两款经典国产RPG游戏都获得了当年众多单机游戏大奖。游戏利用了大宇自主研发的Gamebox三维游戏引擎制作，GameBox在功能上注重强化色彩和形体的处理，加入了增强画面表现力的技术，如全局生成LightMap、柔性皮肤系统、即时粒子系统等，很适合国产武侠游戏的唯美风格。成功研发出Gamebox引擎后，大宇旗下众多游戏也陆续使用了该引擎，但是在2005年之后由于Gamebox引擎没有进一步的增强和维护更新，最终被"打入冷宫"。与此同时，国内许多游戏公司开始引进国外引擎来开发游戏，例如金山公司重金购买id公司的Tech引擎开发的三维动作游戏《天王》，是最早引入国外引擎技术的单机游戏。

图1-8 《仙剑奇侠传3》

到了2004年，国内很多游戏都还是基于DX7.0和DX8.0的渲染模式，水面、纹理、光影效果都很不理想，而此时id公司的Tech引擎已经发展到了第四代，支持最新的DX9.0图像技术，其代表作《DOOM3》成为了一个时期领导软硬件发展的方向标。在Tech引擎春风得意之时，Epic公司的虚幻竞技场引擎Unreal，就是我们俗称的虚幻引擎也已然崛起。虚幻引擎在物理碰撞、声音效果、碰撞检测等方面表现出色，集成度很高，几乎涵盖了所有的游戏制作方向和内容。对比国外游戏公司重视游戏引擎的使用和后期发展，而国内游戏引擎后期则无人维护和开发更新，国产单机游戏逐步陷入了发展的窘境当中。

由于自主研发的游戏引擎达不到游戏制作的要求，2005年以后，国内游戏制作公司基本都开始购买外国游戏引擎来制作游戏。例如大宇公司的《仙剑4》和《仙剑5》（见图1-9）就是采用了第三方游戏引擎——RenderWare，该引擎曾用于500多款游戏制作，如《侠盗猎车手》、《真人快打》、《实况足球》等，Renderware引擎的优点是支持多游戏平台，提供主流的动态光影、材质纹理细节特效和方便的导出插件等，RenderWare引擎无论是在光影效果、角色骨骼系统、场景管理功能上，还是在卡通渲染以及材质特效上，都拥有着非常出色的表现。

图1-9　《仙剑5》画面质量有了显著提升

2005年以后国内的单机游戏市场基本被网络游戏所取代，大多数游戏制作公司都纷纷转型为网络游戏开发商。中国早期的网络游戏主要以2.5D的游戏画面为主，主要是使用OGRE引擎。这是一个开源的图形引擎，并不具备成熟游戏引擎的全面功能，但是它有很方便的接口可以与其他功能引擎接入，所以这个开源、免费、拓展性强的图像引擎，很长一段时间内都是国产网游的首选引擎，其代表游戏是搜狐公司的《天龙八部》。而同时代的国产3D游戏大多也都是采用OGRE引擎制作的，由于是免费的开源图形引擎，所以很多国产游戏所谓的自主研发游戏引擎都是通过OGRE引擎改造而来的。

此时国内一些有实力的游戏制作公司也花重金购入了如Unreal、CryEngine等世界一流的商业游戏引擎，但由于这些引擎是以FPS游戏为基础研发制作而来的，因此对于国内MMORPG游戏并不具备完全的适应性，往往要为了降低硬件配置要求而删减部分特效，即便如此其画面表现力仍然高于同类游戏产品。另外Unreal、CryEngine等引擎主要是用于单机游戏的开发，在网络适应性和稳定性方面要弱于专门的网游引擎，面对这个问题，搜狐畅游公司的《鹿鼎记》率先打破了一个游戏只用一款游戏引擎的传统，在网络端采用 BigWorld 引擎来提升服务器性能和支持网游特性，在画面方面采用虚幻 3 引擎制作，以保障具备优势的画面表现力。

2008 年以后国内游戏制作公司逐渐意识到一个问题，那就是如果采用购买的游戏引擎来开发游戏，每制作一款游戏都要支付高额的引擎授权费用，巨大的成本支出远不如自主研发游戏引擎，于是众多一线游戏制作公司纷纷回归到利用自主引擎来开发游戏的传统思路上，这种抉择无疑是日后公司发展的正确之路。完美世界公司通过借鉴其他引擎技术整合开发出 Angelica 引擎，完美世界凭借这款引擎打造了不少成功的网游之作，如《完美世界》、《诛仙》、《赤壁》等。目标软件历经多年技术研发的 OverMax 引擎是国内第一款自主研发并进行国外授权的商业游戏引擎，OverMax 引擎包含众多开发模块，如图形引擎、网络引擎、多媒体引擎、文字引擎、输入引擎以及 AI 引擎等，目标软件公司利用 OverMax 开发的游戏包括《精英战队》、《傲视三国》、《秦殇》、《天骄 1、2、3》（见图 1-10）、《傲视 online》以及《龙腾世界》等。

图 1-10　具有欧美风格的《天骄 3》

另外，网易游戏公司和搜狐畅游分别自主研发了 Next-Gen 游戏引擎和黑火引擎，两个引擎分别投入到了网易的次世代网游《龙剑》以及轩辕剑系列正统续作推出的第一款网游《轩辕剑 7》的研发当中，虽然无论是 NG 还是黑火，都曾被指出借鉴外国游戏引擎公司的技术，但这至少证明了国内游戏公司对于自主发展游戏底层技术的意愿和决心。从两款游戏的视觉画面效果来看，都确实已经拥有了次世代游戏的样貌，自主研发引擎的最大优势，就是在于游戏策划可以更加深层次地进行功能定制，做出更符合本地玩家喜好和习惯的画面效果，这一点在《轩辕剑 7》上体现得更加明显。

虽然一款游戏的成功与否不能由其使用的游戏引擎来决定，但游戏引擎对于游戏本身所发挥的作用却不可小视，目前国内自主研发引擎的发展依然不够成熟，这种不成熟体现在工具、硬件兼容性、性能以及功能完整性等诸多方面。但越来越多的自主引擎开发游戏的成功，让我们对国内自主研发的游戏引擎有了更高的期待，相信随着游戏产业的发展以及游戏厂商对自主引擎的重视程度越来越高，国产游戏引擎终有登上世界舞台的那一天。

1.3 世界主流游戏引擎介绍

世界游戏制作产业发展进入游戏引擎时代后，人们普遍明白了游戏引擎对于游戏制作的重要性，于是各家厂商都开始了自主引擎的设计研发。到目前为止全世界已经署名并成功研发出游戏作品的引擎有几十种，这其中有将近十款的世界级主流游戏引擎。所谓主流引擎就是指在世界范围内成功进行过多次软件授权的成熟商业游戏引擎，下面我们就来介绍几款世界知名的主流游戏引擎。

1.3.1 Unreal虚幻引擎

自 1999 年具有历史意义的《虚幻竞技场》（Unreal Tournament）发布以来，该系列一直引领着世界 FPS 游戏的潮流，完全不输于同期风头正盛的《雷神之锤》系列。从第一代虚幻引擎起，Epic 公司就展现了对于游戏引擎技术研发的坚定决心，2006 年虚幻 3 引擎的问世，彻底奠定了虚幻作为世界级主流引擎以及 Epic 公司作为世界顶级引擎生产商的地位。

虚幻 3 引擎（Unreal Engine 3）是一套以 DirectX 9/10 图像技术为基础，为 PC、Xbox 360、PlayStation 3 平台准备的完整游戏开发构架，可以提供大量的核心技术阵列，内容编辑工具，支持高端开发团队的基础项目建设。虚幻 3 引擎的所有制作理念都是为了更加容易地进行制作和编程的开发，为了让所有的美术人员在尽量牵扯最少程序开发内容的情况下使用辅助工具来自由创建虚拟环境，同时为程序编写者提供高效率的模块和可扩展的开发构架，用来创建、测试和完成各种类型的游戏制作。

虚幻 3 引擎给人留下最深印象的就是它极其细腻的模型。通常游戏的人物模型由几百至几千个多边形面组成，而虚幻 3 引擎的进步之处就在于，制作人员可以创建一个由数百万个多边形面组成的超精细模型，并对模型进行细致的渲染，然后得到一张高品质的法线贴图，这张法线贴图中记录了高精度模型的所有光照信息和通道信息，在游戏最终运行的时候，游戏会自动将这张带有全部渲染信息的法线贴图应用到一个低多边形面数（通常多边形面在 5000-15000) 的模型上，这样最终的效果就是游戏模型虽然多边形面数较少但却拥有高精度的模型细节，保证效果的同时在最大程度上节省了硬件的计算资源，如图1-11所示，这就是现在次时代游戏制作中常用的"法线贴图"技术，而虚幻3引擎也是世界范围内法线贴图技术的最早引领者。

图 1-11　利用高模映射烘焙是制作法线贴图的技术原理

除此之外，虚幻3引擎还具备64位色高精度动态渲染管道、支持众多光照和渲染技术、高级动态阴影、支持可视化阴影技术、强大的材质系统、模块化材质框架、场景无缝连接、动态细分、体积环境效果、刚体物理系统、符合物理原理的声音效果、高智能化AI系统、可视化物理建模等一系列世界最为先进的游戏引擎技术。

虚幻3引擎是近几年世界上最为流行的游戏引擎，基于它开发出的大作无数，包括《战争机器》《使命召唤3》《彩虹六号：维加斯》《虚幻竞技场3》《荣誉勋章：空降神兵》、《镜之边缘》、《质量效应》、《战争机器2》、《最后的神迹》、《蝙蝠侠：阿卡姆疯人院》、《流星蝴蝶剑OL》和《质量效应2》等。

2009年11月，Epic公司携手硬件生产商NVIDIA公司联合推出了虚幻3引擎的免费版(Unreal Development Kit)，此举也是NVIDIA想进一步拓展CUDA通用计算市场影响力而采取的赞助授权策略。开发包"UDK"包含完整的虚幻引擎3开发功能，除基本的关卡编辑工具Unreal Editor外，组件还包括：Unreal Content Browser素材浏览器、UnrealScript面向对象编程语言、Unreal Kismet可视化脚本系统、Unreal Matinee电影化场景控制系统、Unreal Cascade粒子物理效果和环境效果编辑器、支持NVIDIA PhysX物理引擎的Unreal PhAT建模工具、Unreal Lightmass光照编辑器、AnimSet Viewer和AnimTree Editor骨骼、肌肉动作模拟等工具。

1.3.2　CryEngine引擎

2004年德国一家名叫Crytek的游戏工作室发行了自己制作的第一款FPS游戏《孤岛

惊魂（FarCry）》，这款游戏采用的是其自主研发的 Cry 引擎（CryEngine），这款游戏在当年的美国 E3 大展一经亮相便获得了广泛的关注，其游戏引擎制作出的场景效果更称得上是惊艳。CryEngine 引擎擅长超远视距的渲染，同时拥有先进的植被渲染系统，此外玩家在游戏关卡中不需要暂停来加载附近的地形，对于室内和室外的地形也可无缝过渡，游戏大量使用像素着色器，借助 Crytek PolyBump 法线贴图技术，使游戏中室内和室外的水平特征细节也得到了大幅提高。游戏引擎内置的实时沙盘编辑器（Sandbox Editor），可以让玩家很容易地创建大型户外关卡，加载测试自定义的游戏关卡，并即时看到游戏中的特效变化。虽然当时的 CryEngine 引擎与世界顶级的游戏引擎还有一定的距离，但所有人都看到了 CryEngine 引擎的巨大潜力。

2007 年，美国 EA 公司发行了 Crytek 制作的第二部 FPS 游戏《孤岛危机（Crysis）》，孤岛危机使用的是 Crytek 自主游戏引擎的第 2 代——CryEngine2，采用 CryEngine2 引擎所创造出来的世界可以说是一个惊为天人的游戏世界，引入白天和黑夜交替设计，静物与动植物的破坏、拣拾和丢弃系统，物体的重力效应，人或风力对植物、海浪的形变效应，爆炸的冲击波效应等一系列的场景特效，其视觉效果直逼真实世界（见图 1-12）。

图 1-12　《孤岛危机》中超逼真的视觉画面效果

CryEngine2 引擎的首要优势就是卓越的图像处理能力，在 DirectX10 的帮助下引擎提供了实时光照和动态柔和阴影渲染支持，这一技术无需提前准备纹理贴图，就可以模拟白天和动态的天气情况下的光影变化，同时能够生成高分辨率、带透视矫正的容积化阴影效果，而创造出这些效果得益于引擎中所采用到的容积化、多层次以及远视距雾化技术。同时，它还整合了灵活的物理引擎，使得具备可破坏性特征的环境创建成为可能，大至房屋建筑，小至树木都可以在外力的作用下实现坍塌断裂等毁坏效果，树木植被甚至是桥梁在风向或水流的影响下都能作出相应的力学弯曲反应。另外还有真实的动画系统，可以让动作捕捉器获得的动画数据与手工动画数据相融合，CE2 采用 CCD-IK、分析 IK、样本 IK 等程序化算法以及物理模拟来增强预设定动画，结合运动变形技术来保留原本基础运动的方式，使得原本生硬的计算机生成与真人动作捕捉混合动画看起来更加自然逼真，如跑动转向的重心调整都表现了出来，而上下坡行走动作也同在平地上也有区别。Sandbox 游戏编辑器为游戏设计者和关卡设计师们提供了协同、实时的工作环境，工具中还包含有地形编辑、视觉特征编程、AI、特效创建、面部动画、音响设计以及代码管理等工具，无需代码编译过程，游戏就可以在目标平台上进行生成和测试。

1.3.3　Frostbite（寒霜）引擎

Frostbite 引擎是 EA DICE 开发的一款 3D 游戏引擎，主要应用于军事射击类游戏《战地》系列，该引擎从 2006 年起开始研发，第一款使用寒霜引擎的游戏是 2008 年上市的《战地：叛逆连队》。寒霜系列引擎至今为止共经历三个版本发展：寒霜 1.0、寒霜 1.5 和现在的寒霜 2.0。

寒霜 1.0 引擎首次使用是在 2008 年的《战地：叛逆连队》中，其中 HDR Audio 系统允许调整不同种类音效的音量使玩家能在嘈杂的环境中听得更清楚，Destruction1.0 摧毁系统允许玩家破坏某些特定的建筑物。寒霜 1.5 引擎首次应用在 2009 年的《战地 1943》中，引擎中的摧毁系统提升到了 2.0 版（Destruction 2.0），允许玩家破坏整栋建筑而不仅仅是一堵墙，2010 年的《战地：叛逆连队 2》也使用了这个引擎，同时这也是该引擎第一次登录 Windows 平台，Windows 版部分支持了 DirectX 11 的纹理特性，同年的荣誉勋章多人游戏模式也使用了该引擎。

寒霜 2.0 引擎随《战地 3》一同发布，它完全利用 DirectX 11 API 和 Shader Model 5 以及 64 位性能，并将不再支持 DirectX 9，也意味着采用寒霜 2 游戏引擎开发的游戏将不能在 XP 系统下运行。寒霜 2 支持目前业界中最大的材质分辨率，在 DX11 模式材质的分辨率支持度可以达到 16384×16384。寒霜 2 所采用的是 Havok 物理引擎中增强的第三代摧毁系统 Destruction 3.0，应用了非传统的碰撞检测系统，可以制造动态的破坏，物体被破坏的细节可以完全由系统实时演算渲染产生而非事先预设定，引擎理论上支持 100% 物体破坏，包括载具、建筑、草木枝叶、普通物体、地形等，如图 1-13 所示，Frostbite2 引擎已经是名副其实的次时代游戏引擎了。使用寒霜引擎制作的游戏如表 1-1 所示。

图 1-13 《**战地 3**》中的 Destruction 3.0 摧毁系统画面效果

表 1-1 使用寒霜引擎制作的游戏

名称	时间	版本	平台	DX9.0C	DX10	DX11
战地：叛逆连队	2008	1.0	XBOX360、PS3	√	×	×
战地1943	2009	1.5	XBOX360、 PS3	√	×	×
战地：叛逆连队2	2010	1.5	XBOX360、PS3、PC	√	√	√
荣誉勋章	2010	1.5	XBOX360、PS3、PC	√	√	√
战地：叛逆连队2越南	2010	1.5	XBOX360、PS3、PC	√	√	√
战地3	2011	2.0	XBOX360、PS3、PC	×	√	√
极品飞车：亡命天涯	2011	2.0	XBOX360、PS3、PC	×	√	√

1.3.4 Gamebryo引擎

Gamebryo 引擎相比以上两款游戏引擎在玩家中的知名度略低，但提起《辐射 3》（见图 1-14）、《辐射：新维加斯》、《上古卷轴 4》以及《地球帝国》系列这几款大名鼎鼎的游戏作品相信无人不知，而这几款游戏作品正是使用 Gamebryo 游戏引擎制作出来的。Gamebryo 引擎是 NetImmerse 引擎的后继版本，最初是由 Numerical Design Limited 开发的游戏中间层，在与 Emergent Game Technologies 公司合并后，引擎改名为 Gamebryo。

图 1-14 《辐射 3》游戏画面

Gamebryo 游戏引擎是由 C++ 编写的多平台游戏引擎，他支持的平台有：Windows、Wii、PlayStation 2、PlayStation 3、Xbox 和 Xbox 360。Gamebryo 是一个灵活多变支持跨平台创作的游戏引擎和工具系统。无论是制作 RPG 或 FPS 游戏，还是一款小型桌面游戏，也无论游戏平台是 PC、Playstation 3、Wii 或者 Xbox360，Gamebryo 游戏引擎都能在设计制作过程中起到极大的辅助作用，提升整个项目的进程效率。

灵活性是 Gamebryo 引擎设计原则的核心，由于 Gamebryo 游戏引擎具备超过 10 年的技术积累，使更多的功能开发工具以模块化的方式呈现，让开发者根据自己的需求开发各种不同类型的游戏，另外 Gamebryo 的程序库允许开发者在无需修改源代码的情况下做最大限度地个性化制作。强大的动画整合也是 Gamebryo 引擎的特色，引擎几乎可以自动处理所有的动画值，这些动画值可从当今热门的 DCC 工具中导出。此外，Gamebryo 的 Animation Tool 可以混合任意数量的动画序列，创造出具有行业标准的产品，结合 Gamebryo 引擎中所提供渲染、动画及特技效果功能，来制作任何风格的游戏。

凭借着 Gamebryo 引擎具备的简易操作以及高效特性，不单在单机游戏上，在网络游戏上也越来越多的游戏产品应用这一便捷实用的商业化游戏引擎，在能保持画面优质视觉效果的前提下，能更好保持游戏的可玩性以及寿命。利用 Gamebryo 引擎制作的游戏有：《轴心国和同盟军》、《邪神的呼唤：地球黑暗角落》、《卡米洛特的黑暗年代》、《上古卷轴 IV：湮没》、《上古卷轴 IV：战栗孤岛》、《地球帝国 II、III》、《辐射 3》、《辐射：新维加斯》、《可汗 II：战争之王》、《红海》、《文明 4》、《席德梅尔的海盗》、《战锤 Online：决战世纪》、《动物园大亨 2》等。此外国内许多游戏制作公司也引进 Gamebryo 引擎制作了许多游戏作品，包括腾讯公司的《御龙在天》、《轩辕传奇》、《QQ 飞车》、烛龙科技的《古剑奇谭》和久游公司的《宠物森林》等。

1.3.5 BigWorld（大世界）引擎

大多数游戏引擎的诞生以及应用更多的是基于单机游戏，而通常单机游戏引擎大多都不能直接对应网络或多人互动功能，需要加载另外的附件工具来实现，而BigWorld游戏引擎则恰恰是针对于网络游戏提供的一套完整技术解决方案。BigWorld引擎全称为BigWorld MMO Technology Suite，这一方案无缝集成了专为快速高效开发MMO游戏而设计的高性能服务器应用软件、工具集、高级3D客户端和应用编程接口（APIs）。

与大多数的游戏引擎生产商不同，BigWorld引擎并不是由游戏公司开发出来的，BigWorld Pty Ltd是一家私人控股公司，总部位于澳大利亚，BigWorld公司是一家专门从事互动引擎技术开发的公司，在世界范围寻找适合的游戏制作公司，提供引擎授权合作服务。

BigWorld游戏引擎被人们所知晓的原因是因为它造就了世界上最成功MMORPG游戏——《魔兽世界》，而且BigWorld游戏引擎也是目前世界上唯一一套完整的服务器、客户端MMOG解决方案。整体引擎套件由服务器软件、内容创建工具、3D客户端引擎、服务器端实时管理工具组成，让整个游戏开发项目避免了未知、昂贵和耗时的软件研发风险，从而使授权客户能够专注于游戏本质的创作。

作为一款专为网游而诞生的游戏引擎，BigWorld以网游的服务端以及客户端之间的性能平衡为重心，有着强大且具弹性的服务器架构，整个服务器端的系统会根据需要，以不被玩家察觉的方式重新动态分配各个服务器单元的作业负载流程，达到平衡的同时不会造成任何的运作停顿并保持系统的运行连贯。应用引擎中的内容创建工具能快速实现游戏场景空间的构建，并且使用世界编辑器、模型编辑器以及粒子编辑器在减少重复操作的情况下创建出高品质的游戏内容。

随着新一代BigWorld2.0游戏引擎的推出，在服务器端、客户端以及编辑器上都有更多的改进，在服务器端上增加支持64位操作系统和更多的第三方软件进行整合，增强了动态负载均衡和容错技术，大大增加服务器的稳定性。客户端上内嵌Web浏览器，实现在游戏的任何位置显示网页，支持标准的HTML/CSS/JavaScript/Flash在游戏世界里的应用，优化了多核技术的效果，使玩家电脑中每个处理器核心的性能都发挥得淋漓尽致。而在编辑器上则强化景深、局部对比增益、颜色色调映射、非真实效果、卡通风格边缘判断、马赛克、发光效果和夜视模拟等一些特效的支持，优化对象查找的功能让开发者可以更好地管理游戏中的对象。

国内许多网络游戏都是利用BigWorld引擎制作出来的，其中包括《天下2》《天下3》、《创世西游》《鬼吹灯OL》《三国群英传OL2》《侠客列传》《海战传奇》《坦克世界》《创世OL》、《天地决》、《神仙世界》、《奇幻OL》、《神骑世界》、《魔剑世界》、《西游释厄传OL》、《星际奇舰》、《霸道OL》等。

1.3.6　id Tech引擎

有人说 IT 行业是一个充满传奇的领域，诸如微软公司的比尔盖茨、苹果公司的乔布斯，在行业不同时期的发展中总会诞生一些充满传奇色彩的人物，如果把盖茨和乔布斯看作传统计算机行业的传奇人物，那么约翰卡马克就是世界游戏产业发展史上不输于以上两位的传奇。

1996 年《Quake》问世，约翰卡马克带领他的 id software 创造了三维游戏历史上的里程碑，他们将研发 Quake 的游戏编程技术命名为 id Tech 引擎，世界上第一款真正的 3D 游戏引擎就这样诞生了，在随后每一代《雷神之锤》系列的研发过程中，id Tech 引擎也在不断的进化。

《雷神之锤 2》所应用的 id Tech 2 引擎对硬件加速的显卡进行了全方位的支持，当时较为知名的 3D API 是 OpenGL，id Tech 2 引擎也因此重点优化了 OpenGL 性能，这也奠定了 id 公司系列游戏多为 OpenGL 渲染的基础。引擎同时对动态链接库（DLL）进行支持，从而实现了同时支持软件和 OpenGL 渲染的方式，可以在载入 / 卸载不同链接库的时候进行切换。利用 id Tech 2 引擎制作的代表游戏有：《雷神之锤 2》《时空传说》《大刀》《命运战士》等。约翰卡马克在遵循 GNU 和 GPL 准则的情况下于 2001 年 12 月 22 日公布了此引擎的全部源代码。

伴随着 1999 年《雷神之锤 3》的发布，id Tech 3 引擎成为当时风靡世界的主流游戏引擎，id Tech 3 引擎已经不再支持软件渲染，必须要有硬件 3D 加速显卡才能运行。引擎增加了 32Bit 材质的支持，还直接支持高细节模型和动态光影，同时，引擎在地图中的各种材质、模型上都表现出了极好的真实光线效果，《Quake III》使用了革命性 .MD3 格式的人物模型，模型的采光使用了顶点光影 (vertex animation) 技术，每一个人物都被分为不同段（头、身体等），并由玩家在游戏中的移动而改变实际的造型，游戏中的真实感更强烈。《Quake III》拥有游戏内命令行的方式，几乎所有使用这款引擎的游戏都可以用 "~" 键调出游戏命令行界面，通过指令的形式对游戏进行修改，增强了引擎的灵活性。《Quake III》是一款十分优秀的游戏引擎，即使是放到今天来讲，这款引擎仍有可取之处，即使画质可能不是第一流的了，但是其优秀的移植性、易用性和灵活性使得它在众多游戏引擎中仍占有一席之地，使用《Quake III》引擎的游戏数量众多，如早期的《使命召唤》系列、《荣誉勋章》《绝地武士 2》《星球大战》《佣兵战场 2》《007》和《重返德军总部 2》等。2005 年 8 月 19 日，id Software 在遵循 GPL 许可证准则的情况下开放了 id Tech 3 引擎的全部核心代码。

2004 年 id 公司的著名游戏系列《DOOM3》发布（见图 1-15），其研发引擎 id Tech 4 再次引起了人们的广泛关注。在《DOOM3》中，即时光影效果成了主旋律，它不仅实现了静态光源下的即时光影，最重要的是通过 Shadow Volume（阴影锥）技术让 id Tech 4 引擎实现了动态光源下的即时光影，这种技术在游戏中被大规模的使用。除了 Shadow Volume 技术之外，《DOOM3》中的凹凸贴图、多边形、贴图、物理引擎和音效也都是非常出色的，可以说 2004 年《DOOM3》一出，当时的显卡市场可谓一片哀嚎，GeForce FX 5800/Radeon 9700 以下的显卡基本丧失了高画质下流畅运行的能力，其强悍能力也只有现在的《Crysis》能与之相比。由于 id Tech 4 引擎的优秀，后续有一大批游戏都使用了这款引擎，包括《DOOM3》资料片《邪恶复苏》、《Quake4》、《Prey》、《敌占区：雷神战争》和《重返德军总部》等。2011 年 id 公司再次决定将 id Tech 4 引擎的源代码进行开源共享。

图 1-15　《DOOM3》在当时是名副其实的显卡杀手

id software 从没有停止过对于游戏引擎技术探索的脚步，在 id Tech 4 引擎后又成功研发出功能更为强大的 id Tech 5 引擎。虽然随着网络游戏时代的兴起，id Tech 引擎可能不再如以前那样熠熠闪光，甚至会逐渐淡出人们的视线，但约翰卡马克和 id 公司对于世界游戏产业的贡献永远值得人们尊敬，他们对于技术资源的共享精神也值得全世界所有游戏开发者学习。

1.3.7　Source（起源）引擎

Valve（威乐）公司在开发第一代《Half Life》游戏的时候采用了 Quake 引擎，当他们开发续作《Half Life2》之时，Quake 引擎已经略显老态，于是他们决定自己开发游戏引擎，这也成就了另一款知名的引擎——Source 引擎。

Source 引擎是一个真三维的游戏引擎，这个引擎提供关于渲染、声效、动画、抗锯齿、界面、网络、美工创意和物理模拟等全方面的支持。Source 引擎的特性是可以大幅度提升物理系统真实性和渲染效果，数码肌肉的应用让游戏中人物的动作神情更为逼真，Source 引擎可以让游戏中的人物模拟情感和表达，每个人物的语言系统是独立的，在编码文件的帮助下，和虚拟角色间的交流就像真实世界中一样。Valve 在每个人物的脸部上面添加了 42 块"数码肌肉"来实现这一功能，其中嘴唇的翕动也是一大特性，因为根据所说话语的不同，嘴的形状也是不同的。同时为了与表情配合，Valve 公司还创建了一套基于文本文件的半自动声音识别系统（VRS），Source 引擎制作的游戏可以利用 VRS 系统在角色说话时调用事先设计好的单词口形，再配合表情系统实现精确的发音口形。Source 引擎的另外一个特性就是三维沙盒系统，可以让地图外的空间展示为类似于 3D 效果的画面，而不是以前呆板的平面贴图，这样增强了地图的纵深感觉，可以让远处的景物展示在玩家面前而不用进行渲染。Source 的物理引擎是基于 Havok 引擎的，但又进行了大量的几乎重写性质的改写，增添游戏的额外交互感觉体验。人物的死亡可以用称为布娃娃物理系统的部分控制，引擎可以模拟物体在真实世界中的交互作用而不会占用大量资源空间。

以起源引擎为核心搭建的多人游戏平台——Steam 是世界上最大规模的联机游戏平台，包括《胜利之日：起源》、《反恐精英：起源》和《军团要塞 2》，也是世界上最大的网上游戏文化聚集地之一。起源引擎所制作的游戏支持强大的网络连接和多人游戏功能，包括支持高达 64 名玩家的局域网和互联网游戏，引擎已集成服务器浏览器、语音通话和文字信息发送等一系列功能。

利用 Source 引擎开发的代表游戏有《Half life2》三部曲、《反恐精英：起源》、《求生之路》系列、《胜利之日：起源》、《吸血鬼》、《军团要塞 2》和《SiN Episodes》等。

1.3.8 Unity3D引擎

随着智能手机在世界范围的普及，手机游戏成为网络游戏之后游戏领域另一个发展的主流趋势，过去手机平台上利用 JAVA 语言开发的平面像素游戏已经不能满足人们的需要了，手机玩家需要获得与 PC 平台同样的游戏视觉画面，就这样，3D 类手机游戏应运而生。

虽然像 Unreal 这类大型的三维游戏引擎也可以用于 3D 手机游戏的开发，但无论从工作流程、资源配置还是发布平台来看，大型 3D 引擎操作复杂、工作流程繁琐、对硬件要求高，本来自身的优势在手游平台上反而成了弱势。由于手机游戏有容量小、流程短、操作性强以及单机化等特点，决定了手游 3D 引擎在保证视觉画面的同时要尽可能对引擎自身和软件操作流程进行简化，最终这一目标被 Unity Technologies 公司所研发的 Unity3D 引擎所实现。

Unity3D 引擎自身具备所有大型三维游戏引擎的基本功能，例如高质量渲染系统、高级光照系统、粒子系统、动画系统、地形编辑系统、UI 系统和物理引擎等，而且整体的视觉效果也不亚于现在市面上的主流大型 3D 引擎（见图 1-16）。在此基础上，Unity3D 引擎最大的优势在于多平台的发布支持和低廉的软件授权费用。Unity3D 引擎不仅支持苹果 IOS 和安卓平台的发布，同时也支持对 PC、MAC、PS、Wii、Xbox 等平台的发布。除了授权版本外，Unity3D 还提供了免费版本，虽然简化了一些功能，但却为开发者提供了 Union 和 Asset Store 的销售平台，任何游戏制作者都可以把自己的作品放到 Union 商城上销售，而专业版 Unity3D Pro 的授权费用也足以让个人开发者承担得起，这对于很多独立游戏制作者来说无疑是最大的实惠。

Unity3D 引擎在手游研发市场所占的份额已经超过 50%，Unity3D 在目前的游戏制作领域中除了用作手机游戏的研发外，还用于网页游戏的制作，甚至许多大型单机游戏也逐渐开始购买 Unity3D 的引擎授权。虽然今天的 Unity3D 还无法跟 Unreal、CryEngine、Gamebryo 等知名引擎平起平坐，但我们可以肯定 Unity3D 引擎的巨大潜力。

利用 Unity3D 引擎开发的手游和页游代表游戏有《神庙逃亡 2》、《武士 2 复仇》、《极限摩托车 2》、《王者之剑》、《绝命武装》、《AVP：革命》、《坦克英雄》、《新仙剑 OL》、《绝代双骄》、《天神传》和《梦幻国度 2》等。

图 1-16　Unity 3D 制作的游戏画面并不亚于任何主流游戏引擎

1.4 ▶ 游戏引擎编辑器的基本功能

游戏引擎是一个十分复杂的综合概念，其中包括了众多的内容，既有抽象的逻辑程序概念，也包括具象的实际操作平台，引擎编辑器就是游戏引擎中最为直观的交互平台，它承载了企划、美术制作人员与游戏程序的衔接任务。一套成熟完整的游戏引擎编辑器一般包含以下几部分：场景地图编辑器、场景模型编辑器、角色模型编辑器、动画特效编辑器和任务编辑器，不同的编辑器负责不同的制作任务，以供不同的游戏制作人员使用。

在以上所有的引擎编辑器中，最为重要的就是场景地图编辑器，因为其他编辑器制作完成的对象最后都要加入场景地图编辑器中，也可以说整个游戏内容的搭建和制作都是在场景地图编辑器中完成的。笼统地说，地图编辑器就是一种即时渲染显示的游戏场景地图制作工具，可以用来设计制作和管理游戏的场景地图数据，它的主要任务就是将所有的游戏美术元素整合起来完成游戏整体场景的搭建、制作和最终输出。现在世界上所有先进的商业游戏引擎都会把场景地图编辑器作为重点设计对象，将一切高尖端技术加入其中，因为引擎地图编辑器的优劣就决定了最终游戏整体视觉效果的好坏，下面我们就详细介绍一下游戏引擎场景地图编辑器以及它所包括的各种具体功能。

1.4.1　地形编辑功能

地形编辑功能是引擎地图编辑器的重要功能之一，也是其最为基础的功能，通常来说三维游戏野外场景中的大部分地形、地表、山体等并非 3ds Max 制作的模型，而是利用场景地图编辑器生成并编辑制作完成的，如图 1-17 所示。下面我们通过一块简单的地图地形的制作来了解地图编辑器的地形编辑功能。

图 1-17　游戏引擎地图编辑器

根据游戏规划的内容，在确定了一块场景地图的大小之后，我们就可以通过场景地图编辑器正式进入场景地图的制作。首先，我们需要根据规划的尺寸来生成一块地图区块，其实地图编辑器中的地图区块就相当于 3ds Max 中的"Plane"模型，地图中包含若干相同数量的横向和纵向的分段（Segment），分段之间所构成的一个矩形小格就是衡量地图区块的最小单位，我们就可以以此为标准来生成既定尺寸的场景地图。在生成场景地图区块之前，我们要对整个地图的基本地形环境有所把握，因为初始地图区块并不是独立生成的光秃秃的地理平面，而是伴随整个地图的地形环境而生成，下面我们利用 3ds Max 来模拟讲解这一过程。

在游戏引擎地图编辑器中可以导入一张黑白位图，这张位图中的黑白像素可以控制整个地图区块的基本地形面貌，如图 1-18 所示。图中右侧就是我们导入的位图，而左侧就是根据位图生成的地图区块，可以看到地图区块中已经随即生成了与位图相对应的基本地形，位图中的白色区域在地表区块中被生成为隆起的地形，利用位图生成地形是为了下一步可以更加快捷地编辑局部的地形地貌。

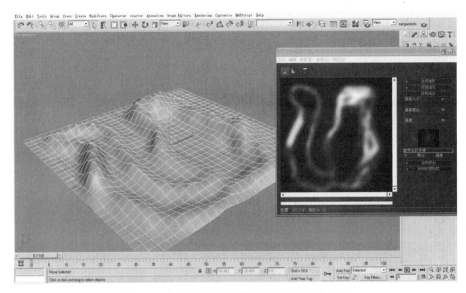

图 1-18　利用黑白位图生成地形的大致地貌

接下来我们就要进入局部细节地表的编辑与制作，这里我们仍然利用 3ds Max 来模拟制作。在 3ds Max 编辑多边形命令层级菜单下方有"Paint Deformation（变形绘制）"面板，其实这项功能的原理与游戏引擎地图编辑器中的地形编辑功能如出一辙，都是利用绘制的方式来编辑多边形的点、线、面，图 1-19 所示是地形绘制的三种最基本的笔刷模式，左边是拉起地形操作，中间为塌陷地形操作，右侧为踏平操作，通过这三种基本的绘制方式再加上柔化笔刷就可以完成游戏场景中不同地形的编辑与制作。

引擎地图编辑器的地形编辑功能除了对地形地表的操作外，另一个重要的功能就是地形贴图的绘制，贴图绘制和模型编辑在场景地形制作上是相辅相成的，在模型编辑的同时还要考虑地形贴图的特点，只有相互配合才能最终完成场景地表形态的制作，如图 1-20 所示，雪山山体的岩石肌理和山脊上的残雪都是利用地图编辑器的地表贴图绘制功能实现的，下面我们就来看一下地表贴图绘制的流程和基本原理。

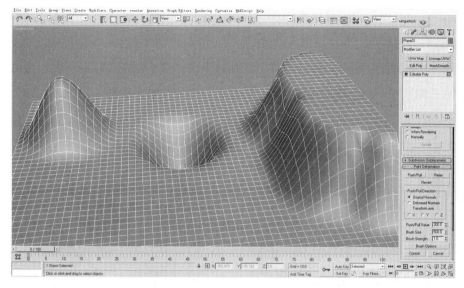

图 1-19　三种基本的地形绘制模式

图 1-20　利用引擎地图编辑器制作的雪山地形

　　从功能上来说，地图编辑器的笔刷分为两种：地形笔刷和材质笔刷，地形笔刷就是上面地表编辑功能中讲到的，另外还可以把笔刷切换为材质笔刷，这样就可以为编辑完成的地表模型绘制贴图材质。在地图编辑器中包含一个地表材质库，我们可以将自己制作的贴图导入其中，这些贴图必须为四方连续贴图，通常尺寸为 1024 像素 ×1024 像素或者 512 像素 ×512 像素，之后就可以在场景地图编辑器中调用这些贴图来绘制地表。

　　在上面的内容中讲过，场景地图中的地形区块其实就相当于 3ds Max 中的 Plane 模型，上面包含着众多的点、线、面，而地图编辑器绘制地表贴图的原理恰恰就是利用这些点线面，材质笔刷就是将贴图绘制在模型的顶点上，引擎程序通过计算顶点与顶点之间，还可以模拟出羽化的效果，形成地表贴图之间的完美衔接。

因为要考虑到硬件和引擎运算的负担，场景地表模型的每一个顶点上不能同时绘制太多的贴图，一般来说同一顶点上的贴图数量不超过 4 张，如果已经存在了 4 张贴图，那么就无法绘制上第五种贴图，不同的游戏引擎在这方面都有不同的要求和限制。下面我们就简单模拟一下在同一张地表区块上绘制不同地表贴图的效果，如图 1-21 所示。

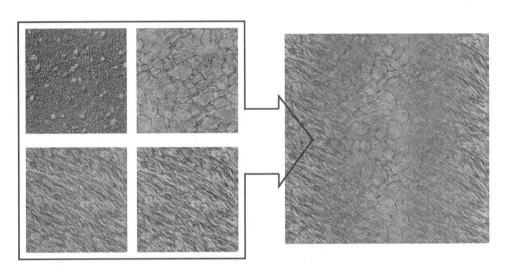

图 1-21　地表贴图的绘制原理

图 1-21 左侧的贴图为地表材质库中的 4 张贴图，左上角的沙石地面为地表基本材质，我们要在地表中间绘制出右上角的道路纹理，还要在两侧绘制出两种颜色衔接的草地，图中右侧就是贴图的最终效果。具体的绘制方法非常简单，材质笔刷就类似于 Photoshop 中的羽化笔刷，可以调节笔刷的强度、大小范围和贴图的透明度，然后就可以根据地形的起伏，在不同的地表结构上选择合适的地表贴图进行绘制。

场景地图地表的编辑制作难点并不在引擎编辑器的使用上，其原理功能和具体操作都非常简单易学，关键是对于自然场景实际风貌的了解以及艺术塑造的把握，要想将场景地表地形制作的真实自然，就要通过图片、视频甚至身临其境去感受和了解自然场景的风格特点，然后利用自己的艺术能力去加以塑造，让知识与实际相结合，自然与艺术相融合，这便是野外场景制作的精髓所在。

1.4.2　模型的导入

在场景地图编辑器中完成地表的编辑制作后，就需要将模型导入地图编辑器中，进行局部场景的编辑和整合，这就是引擎地图编辑器的另一重要功能——模型导入。在 3ds Max 中制作完成模型之后，通常要将模型的重心归置到模型的中心，并将其归位到坐标系的中心位置，还要根据各自引擎和游戏的要求调整模型的大小比例，之后就要利用游戏引擎提供的导出工具，将模型从 3ds Max 导出为引擎需要的格式文件，然后将这种特定格式的文件导入游戏引擎的模型库中，这样场景地图编辑器就可以在场景地图中随时导入调用模型。图 1-22 为虚幻 3 游戏引擎的场景地图编辑器操作界面，右侧的图形和列表窗口就是引擎的模型库，我们可以在场景编辑器中随时调用需要的模型，来进一步完成局部细节的场景制作。

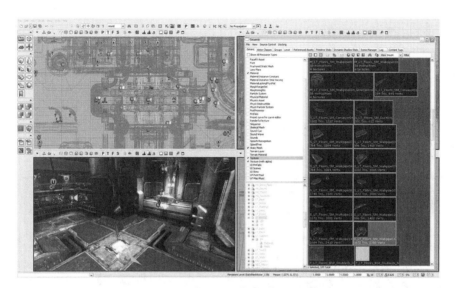

图 1-22　虚幻 3 引擎的模型库界面

1.4.3　添加粒子及动画特效

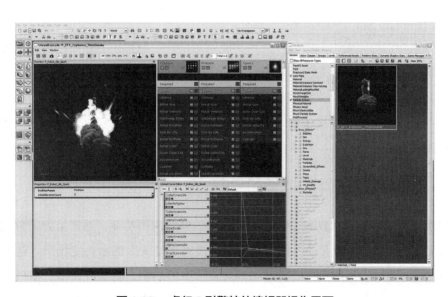

图 1-23　虚幻 3 引擎特效编辑器操作界面

当场景地图的制作大致完成后，通常我们需要对场景进行修饰和润色，最基本的手段就是添加粒子特效和场景动画，这也是在场景地图编辑器中完成的。其实粒子特效和场景动画的编辑和制作并不是在场景地图编辑器中进行的，游戏引擎会提供专门的特效动画编辑器，具体特效和动画的制作都是在这个编辑器中进行，之后与模型的操作方式和原理相同，就是把特效和动画导出为特定的格式文件，然后导入游戏引擎的特效动画库中以供地图编辑器使用。地图编辑器中对特效动画的操作与普通场景模型的操作方式基本相同，都是对操作对象完成缩放、旋转、移动等基本操作，来配合整个场景的编辑、整合与制作，图1-23为虚幻引擎的特效编辑器。

1.4.4　设置物体属性

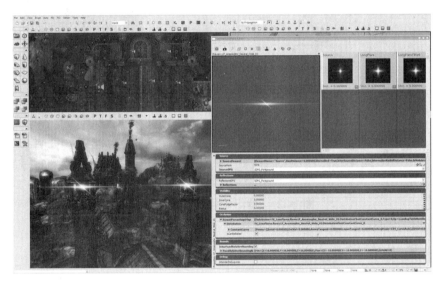

图1-24　在地图编辑器中设置模型物体的属性

游戏引擎场景地图编辑器的另外一项功能就是设置模型物体的属性，这通常是高级游戏引擎会具备的一项功能，主要是对场景地图中的模型物体进行更加复杂的属性设置（见图1-24），比如通过Shader来设置模型的反光度、透明度、自发光或者水体、玻璃、冰的折射率等参数，通过这些高级的属性设置可以让游戏场景更加真实自然，同时也能体现游戏引擎的先进程度。

1.4.5　设置触发事件和摄像机动画

设置触发事件和摄像机动画是属于游戏引擎的高级应用功能，通常是为了游戏剧情的需要来设置玩家与NPC的互动事件，或者是需要利用镜头来展示特定场景。这类似于游戏引擎的"导演系统"，玩家可以通过场景编辑器中的功能，将场景模型、角色模型和游戏摄像机根据自己的需要进行编排，根据游戏剧本来完成一场戏剧化的演出。这些功能通常都是游戏引擎中最为高端和复杂的部分，不同的游戏引擎都有各自的制作模式，而现在成熟的游戏引擎都为商业化引擎，我们很难去学习具体的操作过程，这里我们只是先作简单了解。图 1-25 为虚幻 3 引擎的导演控制系统。

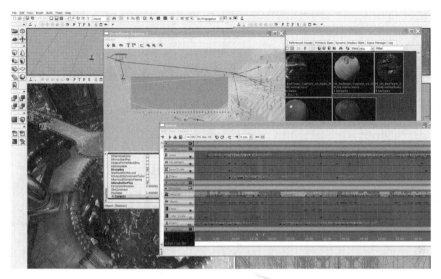

图 1-25　游戏引擎中的导演控制系统

Unity3D引擎基础讲解

Unity3D引擎介绍

　　Unity3D 是由 Unity Technologies 公司开发的综合性专业游戏引擎，可以让用户轻松创建诸如三维游戏、建筑可视化、实时渲染动画等类型互动内容的多平台开发工具。2004年，Unity 诞生于丹麦，2005 年其公司总部设在了美国的旧金山，并发布了 Unity 1.0 版本，起初它只能应用于 MAC 平台，主要针对 Web 项目和 VR(虚拟现实)的开发，这时的 Unity 引擎并不起眼，直到 2008 年推出 Windows 版本，并开始支持 iOS 和 Wii，才逐步从众多的游戏引擎中脱颖而出。2009 年，Unity 的注册人数已经达到了 3.5 万，荣登 2009 年游戏引擎的前五名。2010 年，Unity 开始支持 Android，继续扩散影响力，而且从 2011 年开始支持 PS3 和 XBOX360 平台。到目前为止 Unity3D 的最新版本已经发展到了 4.3 版（见图 2-1）。

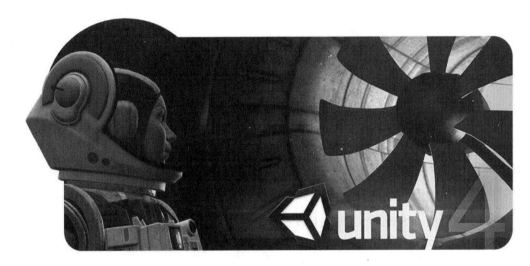

图 2-1　Unity3D 4.3 引擎编辑器的启动 LOGO

　　就如同 Unity3D 软件 LOGO 中那个变幻莫测的盒子一样，没有人能够预测出 Unity3D 会发展到如今的应用覆盖率，虽然在 Unity3D 之前也已经出现了诸如 Director、Blender、Virtools 或 Torque Game Builder 等众多相对成熟的小型平台化综合性引擎，但它们都没有 Unity3D 如此强大的跨平台能力（见图 2-2），尤其是支持当今最火的 web、ios 和 android 系统。另据国外媒体调查，Unity3D 是开发者使用最广泛的移动游戏引擎，53.1% 的开发者正在使用，同时在关于游戏引擎里哪种功能最重要的调查中，"快速的开发时间"排在了首位，很多 Unity 用户认为这款工具易学易用，只需一个月就能掌握基本应用功能。目前，这款引擎的注册人数已经飞速增长到了近百万，其中移动平台的游戏开发用户占了 Unity 公司接近一半的用户比例，这些开发者也包括许多国际知名厂商，例如法国育碧

（Ubisoft）、美商艺电（Electronic Arts）、德国游戏巨头 Big point 公司以及迪斯尼（Disney）等。在 iPhone App Store（苹果移动平台商城）里有超过 1500 个基于 Unity 的游戏，其中最为热销的有《Shadowgun（暗影之枪）》《Battleheart（勇者之心）》《Gears（幻想齿轮）》、《Snuggle Truck（动物卡车）》等。

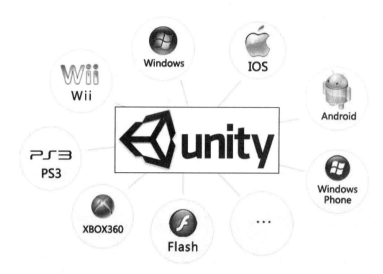

图 2-2　Unity 引擎强大的跨平台能力

与此同时，Unity 还提供了免费版本，虽然简化了一些功能，却打破了游戏引擎公司靠卖 License（游戏版权签证）赚钱的常规，为开发者提供了 Union 和 Asset Store 的销售平台，任何游戏制作者都可以把自己的作品放到 Union 商城上销售，而单个模型或是骨骼动画也可以放到 Asset Store 上，如此开发和销售的一站式平台为广大游戏制作者所称赞。

正式版的 Unity3D Pro 引擎软件功能更为强大，尽管 License 需要 1500 美元，却可带来一系列高性价比的高端引擎功能，下面我们来简单介绍一下 Unity3D 引擎的一些主要功能和特色。

（1）支持多种格式。

Unity3D 整合多种 DCC 文件格式，包含 3ds Max、Maya、Lightware、Collade 等文档，可直接拖曳到 Unity 中，除原有内容外，还包含众多 UVS、Vertex 和骨骼动画等功能。

（2）3A 级图像渲染引擎。

Unity3D 渲染底层支持 DirectX 和 OpenGL，内置的 100 组 Shader 系统，结合了简单易用、灵活、高效等特点，开发者也可以使用 ShaderLab 创建自己的 Shader，先进的遮挡剔除（Occlusion Culling）技术以及细节层级显示技术（LOD），可支持大型游戏的运行性能。图 2-3 所示为 Unity3D 中的法线贴图效果。

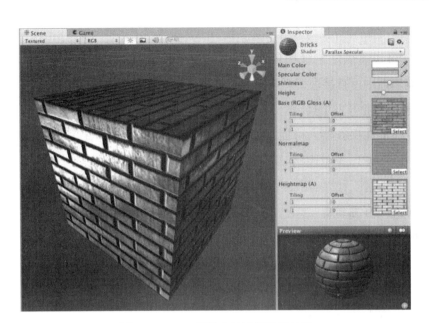

图 2-3　Unity 引擎中的法线贴图效果

（3）高性能的灯光照明。

Unity3D 为开发者提供了高性能的灯光系统，动态实时阴影、HDR 技术、光羽与镜头特效等，多线程渲染管道技术将渲染速度大大提升并提供先进的全局照明技术（GI），可自动进行场景光线计算，获得逼真细腻的图像光影效果，如图 2-4 所示。

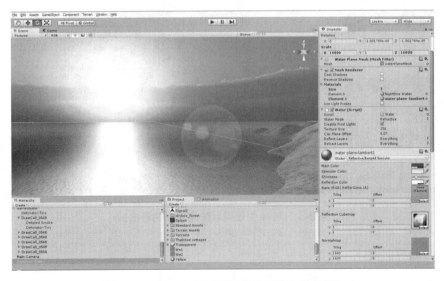

图 2-4　Unity3D 引擎模拟自然环境的光影效果

（4）NVIDIA 专业的物理引擎。

Unity3D 支持 NVIDIA 公司的 PhysX 物理引擎，可模拟包含刚体、柔体、关节物理、车辆物理等拟真物理特效的碰撞效果。

（5）高效率的路径寻找与人群仿真系统。

Unity3D可快速烘焙三维场景模型（NavMesh），用来标定导航空间的分界线，在Unity3D的编辑器中可直接进行烘焙，大幅度提高路径寻找及人群仿真的效率。

（6）友善的专业开发工具。

包括GPU事件探查器、可插入的社交API应用接口等以实现社交游戏的开发，专业级的音频处理API，为创建丰富逼真的音效效果提供了音频接口，引擎脚本编辑支持Javas、C#和Boo这三种脚本语言，可帮助使用者快速上手并自由创造丰富的交互内容。

（7）逼真的粒子系统。

Unity3D开发的游戏可以达到难以置信的运行速度，在良好的硬件设备下每秒可以运算数百万以上的多边形，内置的Shuriken高质量粒子系统，可以控制粒子的颜色、大小以及粒子的运动轨迹，可以快速创建雨、烟火、火焰、灰尘、爆炸和烟花等粒子特效。

（8）强大的地形编辑器。

开发者可以在场景中快速创建数以千计的树木、岩石等模型，以及数以亿计的草地植被，如图2-5所示，开发者只需完成75%的地貌，游戏引擎即可自动填充优化完成其余部分。

图2-5　Unity引擎可以快速生成地表植被

（9）智能界面设计。

Unity3D以创新的可视化模式让用户轻松构建互动体验，提供直观的图形化程序接口，在Unity编辑器的场景视图中开发者可以像玩游戏一样地开发游戏软件，可以实时修改游戏数值和资源，还可以随时切换到游戏视图查看游戏场景的最终实际运行效果，如图2-6所示。

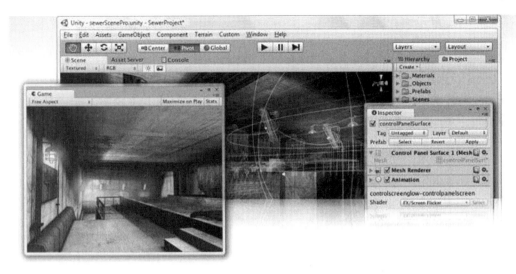

图 2-6　Unity 引擎可以即时观看游戏的实际效果

2.2　Unity3D引擎软件的安装

　　Unity3D 引擎编辑器软件的安装非常简单，我们可以登录 Unity3D 的官方网站（www.unity3d.com）下载 Unity3D 引擎编辑器软件的最新共享版本。对于不同平台的游戏制作，Unity 有一些最基本的硬件要求：操作系统要求 Windows XP SP2 或 Mac OS X 以上的正式版操作系统；显卡需要具备 DX9（Shader Model 2）以上性能，如果要使用遮挡剔除功能还需要显卡的相应机能支持；对于 ios 平台游戏的开发要求系统基于 Mac OS X "Snow Leopard" 10.6 版本以上；对于 Android 平台游戏的开发还需要配备相应的安卓硬件设备，同时需要 ARMv7 CPU 和 OpenGLES2.0 的 GPU 硬件配备；对于网络游戏的开发，Unity 支持 IE、Firefox、Safari 和 Chrome 这四种浏览器。

　　下载完成后双击 Unity3D 引擎编辑器安装程序的图标，开始进入软件的安装流程，如图 2-7 所示。

图2-7　启动安装程序

单击 Next 按钮进入许可协议面板，然后单击 I Agree 同意安装，如图 2-8 所示。

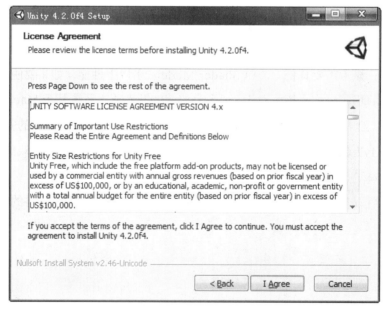

图2-8　软件安装许可协议

下一步需要选择想要安装的程序组件，如图 2-9 所示，整个引擎编辑器除了 Unity 主程序外还包括范例项目、Unity 网页播放器和 Monodevelop3 个附属组件，将其全部点选然后单击 Next 按钮，进入下一步安装。

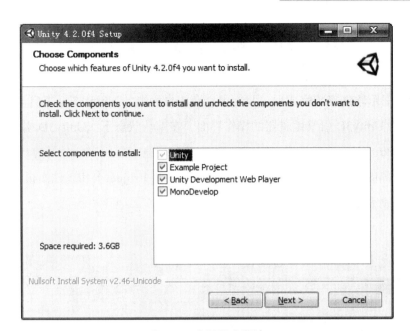

图2-9　安装程序组件

　　然后选择软件程序的安装路径（见图2-10），默认路径为"C:\Program Files\Unity\Editor\"，需要大约3GB的硬盘空间，然后单击Install按钮，这样Unity3D引擎编辑器就安装完成了。

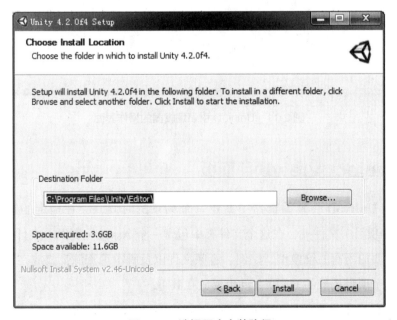

图2-10　选择程序安装路径

2.3 Unity3D引擎软件界面讲解

Unity3D引擎软件安装完成后，我们可以双击桌面上的Unity图标来启动引擎编辑器。图2-11所示为Unity3D引擎编辑器的操作界面，在默认状态下，Unity3D引擎编辑器的界面分为六大部分：上方的工具栏（Toolbar）、左侧的场景（SceneView）及游戏（GameView）视图窗口、右侧的层级面板（Hierarchy）、项目面板（Project）和属性面板（Inspector），下面我们来分别介绍每个部分的具体功能。

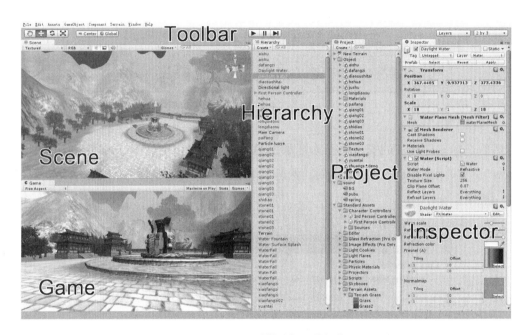

图2-11　Unity3D引擎编辑器的操作界面

2.3.1　Project View项目面板

当我们在Unity3D引擎编辑器中新建一个场景的时候，会在指定的路径位置生成Unity project（项目）文件夹，在这个文件夹中包含一个Assets（资源）文件夹，之后我们制作场景所需要的所有三维模型、贴图、音频文件以及脚本等资源都要放在Assets文件夹下，甚至于整个项目场景的Unity文件也要放在其下。

Assets文件夹下产生的所有数据、资源都会被同步映射到Project项目面板中，如图2-12左所示。在Unity3D引擎编辑器中我们通过项目面板来查找或调取资源文件，我们可以通过在项目面板中右键单击资源名称来定位打开在Windows资源管理器中的文件本身，按键盘F2键可以重新命名项目面板中的文件或文件夹。如果在按住Alt键的同时，展开或收起一个目录，所有子目录也将展开或收起。

　　我们可以通过菜单栏 Assets 菜单下的 Import New Assets 命令来导入新资源，还可以将 Windows 中的模型、贴图、脚本、音频等源文件直接拖曳进项目面板。这里需要注意的是，当资源文件导入项目面板后，如果在 Windows 文件下直接移动或删除资源文件，会导致项目面板中的资源链接被破坏。

　　在项目面板左上角有一个 Create 创建按钮，我们可以从项目面板内部直接创建各种类型的资源文件，如图 2-12 右所示，包括 JavaScript、C#、Boo 等语言脚本、Shader 贴图材质、动画、音频以及各种预置文件等。

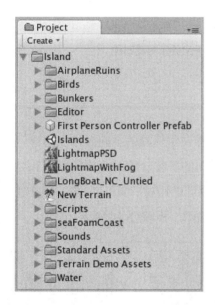

图 2-12　项目面板

2.3.2　Hierarchy层级面板

　　层级面板包含了 Unity3D 引擎编辑器当前项目场景中的所有游戏对象（Game Object），包括模型及其他预置组件资源，当我们在当前场景中添加或删除游戏对象，层级面板中也会相应的增加或删除，如图 2-13 左所示。

　　Unity 使用父对象的概念，要想让一个游戏对象成为另一个的子对象，只需在层级面板中将它拖到另一个对象上即可，子对象将继承其父对象的移动、旋转和缩放属性，在层级面板展开父对象来查看子对象不会对游戏中的对象产生影响。图 2-13 右为并列的游戏对象和成为父子关系的游戏对象。

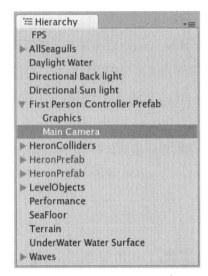

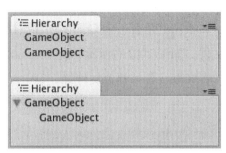

图 2-13　层级面板和子父关系游戏对象

2.3.3　Toolbar工具栏面板

工具栏面板主要包括五个基本控制，分别涉及编辑器的不同操作和编辑。

变换工具，用来进行视图的平移、缩放、旋转操作和对场景中对象物体的平移、旋转和缩放操作。在场景视图中可以通过"W、E、R"快捷键对当前选中的游戏对象物体分别进行移动、旋转和缩放的操作，如图 2-14 所示。

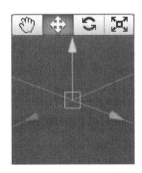

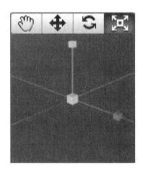

图 2-14　Unity 引擎中的移动、选择和缩放操作

变换辅助工具，左侧按钮用来切换物体对象移动、旋转和缩放的中心点位置，Pivot 是将中心点固定于物体的重心，单击切换为 Center 模式，将中心点固定于物体的中心。右侧的按钮是对操作物体的自身坐标系和全局坐标系进行切换，Local 为自身坐标系，单击切换为 Global 全局坐标系。自身坐标系是指针对于对象物体自身而言，而全局坐标系则是针对于整个场景世界。

▶ ❙❙ ❙▶ 工具栏中间的三个按钮是针对于游戏视图的操作，分别为播放运行、暂停播放和逐帧播放操作。

Layers 层级下拉菜单用于控制场景中选中物体对象的显示。

Layout 布局下拉菜单可以设置 Unity3D 引擎编辑器的界面布局方式，默认有四种方式，用户可以对视图进行随意的布局，并可以在布局菜单中进行保存。

2.3.4 Scene View场景视图

场景视图窗口是整个 Unity3D 引擎编辑器中最为重要的部分，因为对引擎编辑器的大部分编辑与操作都是在场景视图中完成的，这类似于 3ds Max 的视图窗口，在场景视图中我们可以编辑游戏的场景、环境、玩家角色、摄像机、灯光、NPC、怪物等所有的游戏对象（见图 2-15），要想熟练掌握 Unity3D 引擎编辑器必须先从学会场景视图的操作开始。

图 2-15   Unity 引擎编辑器中的场景视图

Unity3D 场景视图的操作方式非常多样，与 3ds Max 视图的操作不同，Unity3D 场景视图除了基本的视图旋转、平移和缩放外，还具备多种第一人称交互式的操作方法，下面来介绍下场景视图的几种不同操作方式。

（1）按住 Alt 加鼠标左键，可以对视图进行旋转操作。

（2）按住 Alt 加鼠标中键，可以平移拖动当前视图。

（3）按住 Alt 加鼠标右键，可以对视图进行缩放操作。

（4）键盘上的"↑ ↓ ← →"方向键可以实现在视图 X/Z 平面内的前后左右移动。

（5）按住鼠标右键进入飞行穿越模式，通过鼠标旋转视角，使用键盘上的"W（前）、S（后）、A（左）、D（右）、Q（上）、E（下）"键进入快速移动的第一人称导航视角。

（6）另外视图中还有一个非常重要的操作方式，当我们在视图窗口中选择了游戏对象的时候，通过键盘上的"F"键可以实现快速定位，将其显示在视图的中心位置，这也是引擎编辑器制作游戏场景的一个常用操作。

工具栏面板最左侧的按钮会根据视图操作方式的不同而改变图标：![按钮图标] 这是平时视图时的显示状态；![按钮图标] 这是移动或旋转视图时的显示状态；![按钮图标] 这是缩放视图时的显示状态。

在场景视图窗口的右上角有一个显示坐标轴的小图标，这是一个场景视图辅助工具，可以显示场景摄像机的当前方向，可以通过单击不同的坐标轴向来快速改变当前视图的视角。按住 Shift 键单击场景视图辅助工具可以使视图在等距模式和透视模式之间进行切换，等距模式和透视模式类似于 3ds Max 中的用户视图与透视图的关系，如图 2-16 所示，左侧为透视模式，右侧为等距模式。

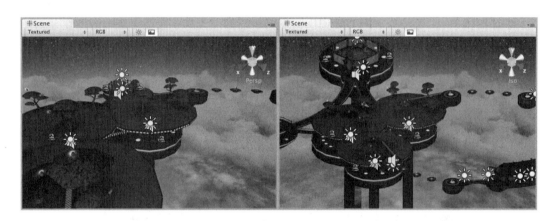

图 2-16　场景视图的透视模式 (Persp) 与等距模式 (ISO)

在场景视图上方是场景视图控制条，这里包括两个下拉菜单和两个按钮，如图 2-17 所示。第一个下拉菜单用来选择场景视图的显示模式，包括 Textured（纹理模式）、Wireframe（线框模式）和 Tex-Wire（纹理线框叠加模式），这与 3ds Max 视图中的显示方式基本类似。第二个下拉菜单是对于场景视图渲染模式的选择，包括 RGB、Alpha、Overdraw 和 Mipmaps 四种模式，无论是场景视图显示模式还是渲染模式都只会作用于当前视图，而不会对最终生成的游戏产生任何影响。后面的两个按钮分别为"场景照明"和"游戏叠加"，启用场景照明会让当前场景视图显示游戏中的实际光照效果，游戏叠加则是在场景视图中显示天空盒子（Skybox）、GUI（游戏界面）等对象元素。

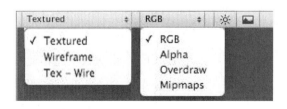

图 2-17　场景视图控制条

2.3.5　Game View游戏视图

游戏视图是在 Unity3D 引擎编辑中模拟最终游戏的显示效果，游戏视图需要在场景中放置摄像机才能启用，关于场景摄像机的设置我们会在后面的章节中详细讲解。在设置好游戏场景摄像机后，可以通过工具栏面板中的播放按钮启动游戏视图模式来模拟游戏中的实际操作效果，如图 2-18 所示。

图 2-18　Unity 引擎编辑器游戏视图

在游戏视图上方是游戏视图控制条，包括一个下拉菜单和三个按钮。下拉菜单是对游戏视图显示比例的设置，可以根据不同的显示器设置不同的显示长宽比。右侧的 Maximize on Play 按钮启用后，进入运行模式时将全屏幕最大化显示游戏视图。Gizmos 按钮启用后，所有在场景视图中出现的 Gizmos 也将出现在游戏视图画面中，这包括使用任意 Gizmos 类函数生成的 Gizmos。最后是 Stats 状态按钮，启用后将在游戏视图窗口中显示渲染统计的各种状态数值，如图 2-19 所示。

图 2-19　启用 Stats 按钮生成的渲染统计数据

45

2.3.6 Inspector属性面板

Unity 引擎编辑器所搭建的游戏世界场景由多种游戏对象组成，包括网格物体（模型）、脚本、声音、光照、粒子和物理特效等，属性面板就用于显示这些游戏对象的详细信息，包括所有的附加组件以及它们属性的面板窗口。对于游戏物体的所有属性、参数、设置甚至脚本变量都可以在属性面板中直接进行修改，而不必进行繁琐的脚本程序编写，如图 2-20 所示。这就是游戏引擎编辑器的强大所在，同时这也是为了简化游戏研发流程，方便美术和企划人员可以更好的进行游戏制作，对于属性面板的详细操作会在后续章节中具体讲解。

图 2-20　属性面板

2.4　Unity3D引擎软件菜单讲解

Unity3D 引擎编辑器的菜单栏中一共包含八个菜单选项：File（文件）、Edit（编辑）、Assets（资源）、GameObject（游戏对象）、Component（组件）、Terrain（地形）、Window（窗口）和 Help（帮助）。每个菜单分别对应了引擎中不同的功能操作，下面针对每个菜单进行详细讲解。

2.4.1 File文件菜单

表 2-1

名　称	说　明
New Scene	创建新场景。Unity3D为用户提供了方便的场景管理，用户可以随心所欲的创建出自己想要的游戏场景。快捷键为Ctrl+N

续　表

名　称	说　明
Open Scene	打开一个已经创建的场景。快捷键为Ctrl+O
Save Scene	保存当前场景。快捷键为Ctrl+S
Save Scene as	当前场景另存为。快捷键为Ctrl+Shift+S
New Project	新建一个新的项目。用户想要制作出自己的游戏，第一步就是创建游戏项目，这个项目是所有游戏元素的基础，之后用户就可以在这个项目里添加自己的游戏场景
Open Project	打开一个已经创建的项目
Save Project	保存当前项目
Build Setting	项目的编译设置。在编译设置选项里面，用户可以选择游戏所在的平台以及对项目中各个场景之间的管理，可以添加当前的场景到项目的编译队列当中，其中Player Settings选项中可以设置程序的图标，分辨率，启动画面等。快捷键为Ctrl+Shift+B
Build & Run	编译并运行项目。快捷键为Ctrl+B
Exit	退出Unity3D引擎编辑器

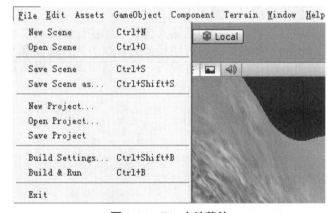

图 2-21　File **文件菜单**

2.4.2　Edit编辑菜单

表 **2-2**

名　称	说　明
Undo	撤销上一步操作。快捷键为Ctrl+Z
Redo	重复上一步动作。快捷键为Ctrl+Y
Cut	剪切。快捷键为Ctrl+X

续　表

名　称	说　明
Copy	复制。快捷键为Ctrl+C
Paste	粘贴。快捷键为Ctrl+V
Duplicate	复制并粘贴。快捷键为Ctrl+D
Delete	删除。快捷键为Shift+DEL
Frame Selected	选择一个物体后把视角迅速定位到观察这个选中的物体上。快捷键为F
Find	查找资源。快捷键为Ctrl+F
Select All	选择所有资源。快捷键为Ctrl+A
Preferences	选项设置。对Unity3D的一些基本设置，如选用外部的脚本编辑、界面皮肤颜色的设置以及用户快捷键的设置等
Play	在游戏视图中运行制作好的游戏。快捷键为Ctrl+P
Pause	停止游戏运行。快捷键为Ctrl+Shift+P
Step	逐帧运行游戏。快捷键为Ctrl+Alt+P
Load Selection	载入所选
Save Selection	保存所选
Project Settings	项目设置。其中包括输入设置、标签设置（对场景中的元素设置不同类型的标签，方便场景的管理）、音频设置、运行的时间设置、用户设置，物理设置、渲染品质设置、网络管理、编辑器管理等
Render Settings	渲染设置
Graphics Emulation	图形仿真
Network Emulation	网络仿真
Snap Settings	快照设置

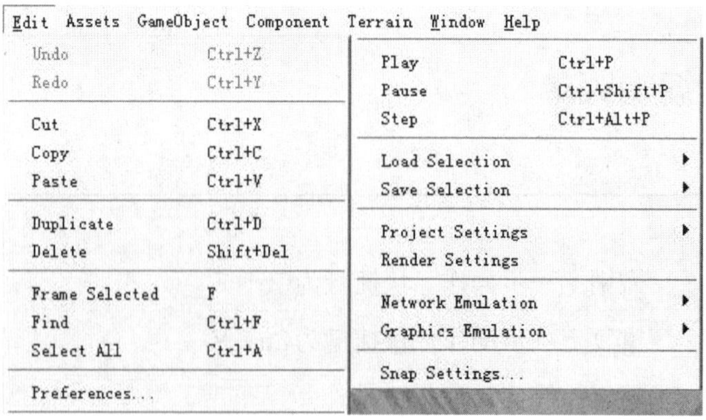

图 2-22　Edit 编辑菜单

2.4.3 Assets资源菜单

表 2-3

名 称	说 明
Reimport	重新导入资源
Create	创建功能。可以用来创建各种脚本、动画、材质、字体、贴图、物理材质、GUI皮肤等
Show In Explorer	打开资源所在的目录位置
Open	打开选中文件
Delete	删除选中的资源文件
Import New Asset	导入新资源
Refresh	刷新。快捷键为Ctrl+R
Import Package	导入资源包。当创建项目工程的时候，有些资源包没有导入进来，在开发过程中有需要使用，这时可以应用此命令
Export Package	导出资源包
Find References In Scene	在场景中寻找参考
Select Dependencies	选择依赖
Reimport all	全部重新导入
Sync MonoDevelop Project	同步开发项目

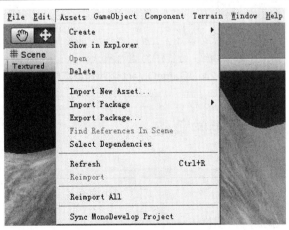

图 2-23　Assets 资源菜单

2.4.4 GameObject游戏对象菜单

表 2-4

名 称	说 明
Create Empty	创建一个空的游戏对象。可以对这个空对象添加各种组件。快捷键为Ctrl+Shift+N
Create Other	创建其他类型的游戏对象。这里面包括了很多内容，基本上囊括了Unity3D所支持的所有对象，包括粒子系统、摄像机、界面文字、界面贴图、3D的文字效果、点光源、聚光灯、平行光、长方体、球、包囊、圆柱体、平面、音频、树和风力等
Center On Children	这个功能是作用在父物体节点上的，即把父物体节点的位置移动到子节点的中心位置
Make Parent	创建父子关系。选中多个物体后，单击这个功能可以把选中的物体组成父子关系，其中在层级视图中最上面的为父物体，其他为父物体的子物体
Apply Change To Prefab	应用变更为预置
Move To View	移动到视图。把选中的物体移动到当前视图的中心位置，这样就可以快速定位。快捷键为Ctrl+Alt+F
Align With View	对齐视图。把选中的物体与视图平面对齐。快捷键为Ctrl+Shift+F
Align View To Selected	把视图移动到选中物体的中心位置

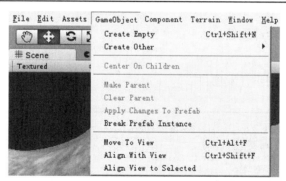

图 2-24　GameObject 游戏对象菜单

2.4.5 Component组件菜单

表 2-5

名 称	说 明
Mesh	添加网格属性

名　称	说　明
Particles	粒子系统
Physics	物理系统
Audio	音频
Rendering	渲染
Miscellaneous	杂项
Scripts	脚本
Camera-Control	摄像机控制

2.4.6　Terrain地形菜单

表 2-6

名　称	说　明
Creat Terrain	创建地形
Import Heightmap-Raw	导入高度图
Export Heightmap-Raw	导出高度图
Set Resolution	设置分辨率
Mass Place Trees	批量种植树
Flatten Heightmap	展平高度图
Refresh Tree And Detail Prototypes	刷新树及预置细节

2.4.7　Window窗口菜单

表 2-7

名　称	说　明
Next Window	下个窗口。快捷键为Ctrl+Tab
Previous Window	前一个窗口。快捷键为Ctrl+Shift+Tab
Layouts	布局
Scene	场景窗口。快捷键为Ctrl+1
Game	游戏窗口。快捷键为Ctrl+2

名　称	说　明
Inspector	属性面板。快捷键为Ctrl+3
Hierarchy	层级面板。快捷键为Ctrl+4
Project	项目面板。快捷键为Ctrl+5
Animation	动画窗口。快捷键为Ctrl+6
Particle Effect	粒子特效窗口。快捷键为Ctrl+7
Profiler	探查窗口。快捷键为Ctrl+8
Asset Store	资源库。快捷键为Ctrl+9
Asset Server	资源服务器。快捷键为Ctrl+0
Lightmapping	光影贴图
Occlusion Culling	遮挡剔除。当一个物体被其他物体遮挡住而不在摄像机的可视范围内时不对其进行渲染
Navigation	导航
Console	控制台。快捷键为Ctrl+Shift+C

2.4.8　Help帮助菜单

表 2-8

名　称	说　明
About Unity	关于Unity
Enter Serial Number	输入序列号
Unity Manual	Unity手册
Reference Manual	参考手册
Scripting Reference	脚本参考
Unity Forum	Unity论坛
Unity Answers	Unity问答
Unity Feedback	Unity反馈
Welcome Screen	欢迎窗口
Check for Updates	检测更新
Release Notes	发行说明
Report a Bug	反馈BUG

Unity3D引擎的系统功能

THREE

Unity3D 引擎编辑器的界面十分简洁，菜单和命令的操作非常直观易懂，这些特性有利于游戏制作人员快速学习和掌握引擎编辑，而 Unity3D 引擎编辑器自身的系统功能，例如地形编辑功能、模型编辑功能、光源系统、材质系统、粒子和动画系统、物理系统、脚本编辑系统等，相对于 Unreal、CryEngine 等当今主流大型游戏引擎丝毫不显任何弱势，在游戏平台的输出功能上，Unity 引擎更有过之而无不及。以上所有的引擎系统功能可以让游戏企划和美术人员在没有程序员辅助的情况下完成所有游戏内容的编辑和制作，而这一点也是游戏引擎最初诞生和发展的根本意义。在这一章中我们主要针对 Unity3D 引擎编辑器的系统功能进行讲解介绍，让大家对 Unity 引擎功能有一个整体的了解和认识。

3.1 地形编辑功能

作为任何一款游戏引擎的编辑器而言，最重要的功能就是创建游戏场景，而所有游戏场景的制作都要基于场景的地形地貌，所以游戏引擎编辑器的地形编辑功能是所有系统功能中最为核心与基础的功能之一。Unity3D 的地形编辑功能主要包括场景地形的创建与绘制、地表贴图的绘制、地面树木的绘制、草地植被以及网格物体的绘制、场景地形参数设置这五大方面。

在 Unity3D 引擎编辑器中点开 Terrain 菜单，通过 Create Terrain 命令可以创建一个新的场景地形，同时我们可以利用菜单中的其他命令对地形进行相应设置，如图 3-1 所示。

图 3-1 利用菜单命令创建地形

场景地形创建出来后，在视图右侧的 Inspector 属性面板中会出现地形编辑器的窗口，地形编辑器主要包括五个面板窗口：Transform（变形）、Terrain（地形）、Brushes（笔刷）、Settings（设置）和 Terrain Colliders（地形碰撞），如图 3-2 所示。

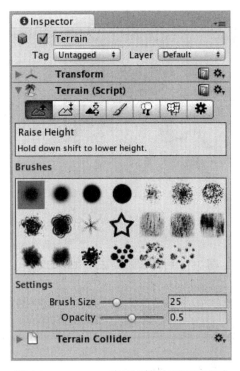

图 3-2　Inspector 面板中的地形编辑工具

Transform 面板主要是对地形的位置、旋转和缩放比例进行设置，我们通常利用 Terrain 菜单中的命令来设置地表平面的相关数据设置，Transform 面板中一般不做任何设置；Terrain、Brushes 和 Settings 面板是地形编辑中最常用到的三个面板，Terrain 面板用来选择地形编辑的方式，Brushes 面板用于选择绘制笔刷的形状，而 Settings 面板则是对笔刷大小、力度等参数进行设置；Terrain Colliders 面板用来对地形的物理碰撞进行设置，一般默认即可。

Terrain 面板左侧第一个按钮为 Raise & Lower Terrain Height（拉升和降低地形高度），激活之后通过选择合适的笔刷和设置笔刷的力度及范围可以进行地表的绘制，在视图中利用鼠标左键可以拉升地表地形，如图 3-3 所示。

按鼠标 Shift 键可以对地形进行降低操作，默认状态下降低操作最大可以将地形还原为初始的平面状态，如果在开始创建地形后，利用 Terrain 菜单中的 Flatten Heightmap 命令将地形平面整体抬高，就可以利用 Shift 键将地形制作出凹陷效果，如图 3-4 所示。

Terrain 面板左侧第二个按钮为 Paint Height（高度绘制），这个工具用来绘制指定高度的地形，当按钮激活后可以通过 Settings 面板设置想要绘制的高度，然后通过鼠标左键绘制地形，这时地形绘制的表面会向指定的高度进行拉升操作，直到到达指定高度位置，最终形成类似于高地平台的地形地貌，如图 3-5 所示。

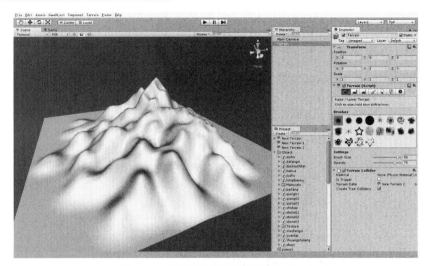

图 3-3　利用笔刷工具拉升地形的效果

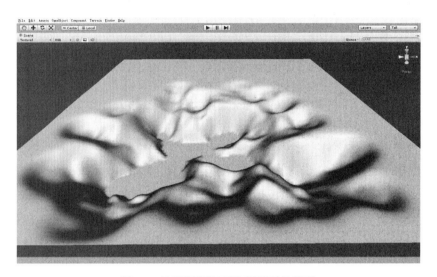

图 3-4　利用笔刷工具降低地形的效果

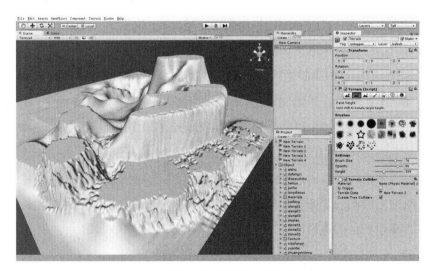

图 3-5　利用绘制高度笔刷编辑地形效果

Terrain 面板左侧的第三个按钮是 Smooth Height（光滑高度），在按钮激活后通过笔刷绘制对地形进行柔化处理，让地形产生平滑的过渡效果，如图 3-6 所示。

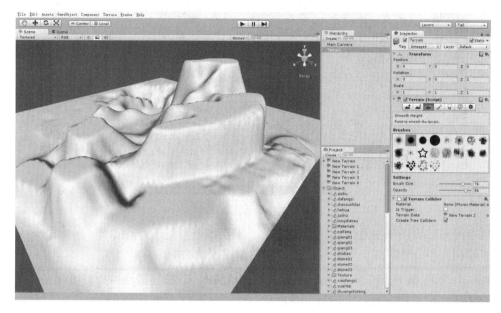

图 3-6　利用光滑笔刷柔化地形效果

以上就是地形绘制的 3 种基本模式，通过不同笔刷和参数的相互配合来制作出游戏场景中的地形和山脉。第四个按钮为 Paint Texture（纹理绘制），用来对制作完成的地形场景进行地表贴图的绘制，激活选项后会在下方出现 Textures 纹理面板，通过 Edit Textures 按钮下的 Add Textures 命令添加地表贴图，在弹出的面板窗口中选择地表贴图和贴图的平铺数值，如图 3-7 所示。

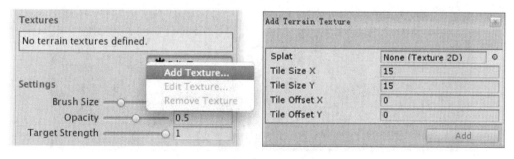

图 3-7　添加地表贴图面板窗口

Tile Size X/Y 平铺数值越大贴图的重复次数越多，这个要根据地形的实际尺寸来决定，Tile Offset X/Y 是设置贴图的位移，通常较少用到。然后单击 Add 按钮，这样地表就会被选择的初始贴图所覆盖，如图 3-8 所示。

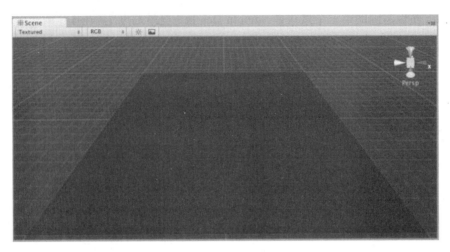

图3-8 地表贴图平铺覆盖的地形效果

初始地表贴图设置完成后，可以继续添加导入多张地表贴图，然后通过不同的笔刷以及调节笔刷大小、透明度、力度等进行不同贴图纹理的绘制。

Terrain 面板第五个按钮是 Place Trees（种植树木），按钮激活后我们可以在 Trees 面板中添加导入想要种植的树木模型，然后通过笔刷绘制的方式在地表场景中大面积种植树木模型，按住 Shift 键可以对绘制结果进行擦除操作，如图 3-9 所示。

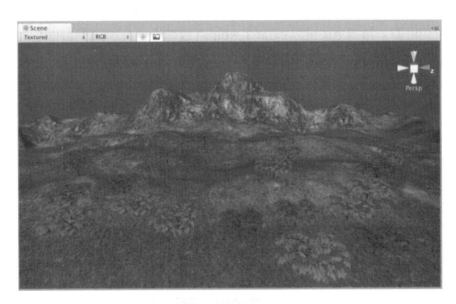

图3-9 在地表种植树木

在 Settings 笔刷设置面板中共有七项参数设置，参数的功能含义如表 3-1 所示。

表 3-1

参数名称	中文含义	功能解释
Brush Size	笔刷大小	绘制树木笔刷范围的大小
Tree Density	笔刷密度	树木之间间距密度的大小
Color Variation	颜色变化	每棵树之间颜色的差异变化范围
Tree Height	树木高度	树木的整体高度
Variation	高度变化	每棵树之间高度的差异变化范围
Tree Width	树木宽度	树木的整体宽度
Variation	宽度变化	每棵树之间宽度的差异变化范围

　　Terrain 面板第六个按钮为 Paint Details（细节绘制），这个工具主要用来绘制地表草地植被与岩石，激活后在 Details 面板中可以通过 Add Grass Texture 和 Add Detail Mesh 命令分别添加草植物模型与岩石模型，单击添加命令后分别弹出面板窗口，如图 3-10 所示，下面通过表格针对各个面板的参数进行讲解说明。

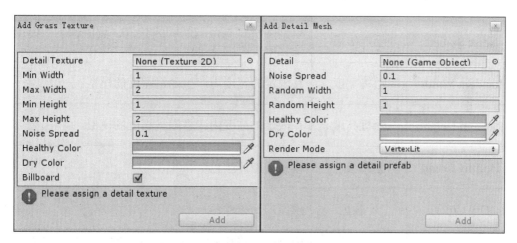

图 3-10　添加草和网格模型的面板窗口

表 3-2

Add Grass Texture		
Detail Texture	细节纹理	选择草的纹理贴图
Min Width	最小宽度	每个草贴图面片的最小宽度

Add Grass Texture		
Max Width	最大宽度	每个草贴图面片的最大宽度
Min Height	最小高度	每个草贴图面片的最小高度
Max Height	最大高度	每个草贴图面片的最大高度
Noise Spread	噪声传播	决定地表草地宽高范围的噪波数值，数值越小，草宽高变化幅度范围越小
Healthy Color	健康颜色	正常草的主体颜色
Dry Color	干草颜色	草的变化颜色，草地整体会在主色与干色之间产生过渡变化
Billboard	广告牌	勾选这个选项，草面片将总面对摄像机视角旋转

表 3-3

Add Detail Mesh		
Detail	模型元件	选择绘制的模型元件
Noise Spread	噪声传播	模型随机宽高范围的噪波数值，数值越小，模型变化幅度范围越小
Random Width	随机宽度	在限定的宽度内产生随机宽度的模型
Random Height	随机高度	在限定的高度内产生随机高度的模型
Healthy Color	健康颜色	模型的主体颜色
Dry Color	干颜色	模型的变化颜色
Render Mode	渲染模式	模型的渲染模式，分为草灯光渲染和顶点灯光渲染，通常选择顶点灯光渲染模式

　　完成各自的参数设定后，通过选择合适的笔刷以及笔刷设置就可以进行地表草地和岩石的绘制，单击鼠标左键进行绘制，按住 Shift 键并单击可以对绘制对象进行擦除操作，草地和岩石的绘制效果如图 3-11 所示。在实际游戏项目的制作中，我们通常使用的是地表草地的绘制功能，而对于岩石等模型元素的绘制较少使用，因为在游戏场景的制作中岩石等模型元素的摆放并不像草那样随意，需要根据地形和场景的不同进行有针对性的制作，通常是场景美术师通过手动操作来完成。

图 3-11 在地表上添加草地和岩石模型

Terrain 面板的最后一个按钮是 Terrain settings（地形设置），主要包括对于地形光照的设置、树草模型元件的显示设置、风力速度和大小等参数的设置，具体的操作会在后面的章节中详细讲解。

<h2>3.2 模型编辑功能</h2>

在 Unity 引擎编辑器中完成场景地形的制作后，下一步就需要利用大量的三维模型去充实游戏场景，三维模型的制作并不是在 Unity 引擎编辑器中完成的，而是事先利用三维制作软件制作完成后再导入 Unity3D 引擎编辑器中。

Unity3D 引擎支持 3ds Max、Maya、Lightwave 和 Cinema 4D 等主流三维软件制作的三维模型，可以读取诸如 .FBX、.dae（Collada）、.3DS、.dxf 及 .obj 等文件格式。对于 3ds Max 来说通常将制作完成的三维模型导出为 .FBX 格式，然后将 FBX 文件及贴图放置在 Unity3D 的资源文件夹下，这样就可以在 Unity 引擎编辑器中导入读取制作完成的三维模型，如图 3-12 所示。

三维模型导入 Unity3D 引擎编辑器后，可以通过 Inspector 属性面板对三维模型进行编辑操作，包括模型位置、旋转和缩放的设置、渲染模式及光影效果的设置、模型动画设置、物理碰撞设置以及贴图材质的指定等，具体的操作方法会在后续章节中详细讲解。

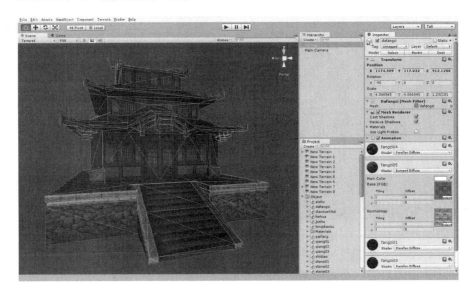

图 3-12　将三维模型导入 Unity 引擎编辑器

光源系统

　　三维影像技术最初诞生的原因就是想给人们带来一种全新的视觉传达理念，将原本平面的视觉图像进行全方位立体化的处理，让其更具备真实性。对于三维游戏技术来说，其真实性不仅仅体现在图像的立体化效果上，随着三维游戏引擎技术的发展，越来越多的拟真物理效果被应用到游戏制作当中，比如模拟真实世界的物理效果和碰撞效果，模拟现实世界中的声音传播效果等。对于三维游戏画面影像来说最大的突破就在于高度拟真的光源系统，三维游戏引擎中的光源系统可以完全模拟自然界中的光线传播效果，比如光的照射、折射、衍射、反射等物理特性，甚至可以随着时间和场景进行实时变化。下面我们就来了解一下 Unity3D 引擎中的光源系统。

　　在讲解 Unity 引擎光源系统之前，我们先来了解一下游戏当中常见的光源形式，从光源原理来区分，游戏场景中的光源主要分为自然光源和人工光源两大类，自然光源主要指在游戏虚拟场景世界中自然环境所产生的光源效果，如日光。人工光源是指在游戏中人为制造出的光源效果，如火把、灯光等。自然光源通常作为游戏场景的主光源，主要用于整体照亮场景，模拟真实的光影效果。人工光源可以作为场景辅助光源，对游戏场景进行局部照亮，或者作为特殊场景下的效果光源而存在。

　　在 Unity3D 引擎编辑器中可以通过 GameObject 菜单下的 Create Other（创建其他）来创建场景灯光，如图 3-13 所示。

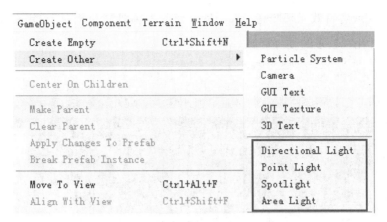

图 3-13　从 Unity 引擎编辑器菜单中创建灯光

Unity 引擎可以创建 Directional Light（方向光）、Point Light（点光源）、Spotlight（聚光灯）和 Area Light（区域光源）四种形式的光源。方向光、点光源和聚光灯通常作为游戏场景中的实时光源，而区域光源一般不作为场景即时光源使用，主要用于制作场景光影烘焙贴图。Point Light（点光源）、Spotlight（聚光灯）、Directional Light（方向光）三种光源的光照方式和范围如图 3-14 所示。

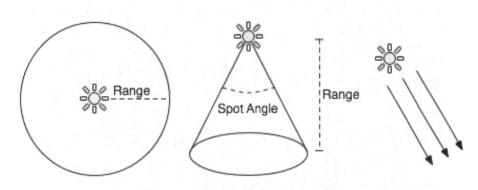

图 3-14　三种光源的照射方式和范围

Directional Light（方向光）通常作为游戏场景中的主光源，用来模拟自然场景中的日光或月光，对场景中所有模型物体都产生光影投射，如图 3-15 所示，方向光在硬件图形处理上耗费的资源最少。

Point Light（点光源）是从一点向周围各个方向平均发散光线的光源类型，与 3ds Max 灯光系统中的 Omni 灯功能基本相同，点光源一般作为游戏场景中的辅助光源，通常作为火把、灯光或者特效光来照亮局部场景，如图3-16所示，相对于 Directional Light 来说，Point Light 耗费较多的硬件资源。

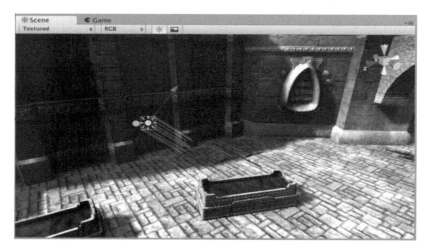

图3-15　场景中方向光的效果

图3-16　场景中点光源的效果

Spotlight（聚光灯）是按照一定方向在圆锥体范围内发射光线的光源类型，与3ds Max 灯光系统中的聚光灯基本相同，在游戏场景中也是作为辅助光源存在，相对于点光源来说，聚光灯这种光源类型在游戏场景中应用比较少，一般常用于表现汽车车头灯或特殊灯柱，如图3-17所示，相对于前两种光源来说，Spotlight 最耗费硬件资源。

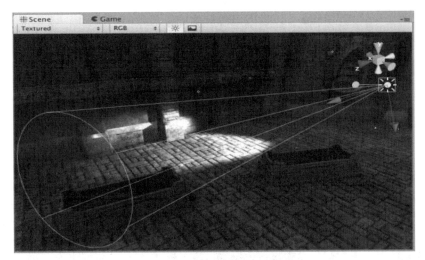

图 3-17　场景中聚光灯的效果

在 Unity3D 引擎编辑器中创建出光源后，可以在 Inspector 属性面板的 Light 面板下对其属性和参数进行设置，如图 3-18 所示。

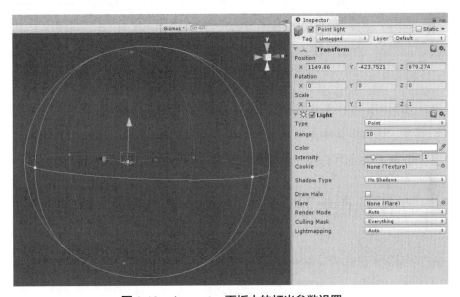

图 3-18　Inspector **面板中的灯光参数设置**

在 Light 面板中，Type 用来选择光源类型，分为 Directional Light（方向光）、Point Light（点光源）和 Spotlight（聚光灯）三种。Range 用来设定光源的照射范围。Color 是设置光源的光照颜色。Intensity 为光照强度，点光源和聚光灯默认值为 1，方向光默认为 0.5。Cookie 可以为光源添加一个 Alpha 贴图作为遮罩，如果光源为聚光灯或方向光，遮罩为 2D 贴图，如果是点光源，遮罩为立方图（Cubemap），图 3-19 所示为三种不同光源的遮罩效果。Shadow Type 为光线照射的阴影类型，可以设置阴影的硬度、分辨率、偏移、柔化等参数，阴影显示越精细越耗费硬件资源。Draw Halo 选项如果被勾选，光线将会产生球形范围的光晕效果。Flare 可以设置光源产生的耀斑效果。Render Mode 渲染模式，主要影响光照的保真度和性能，分为 Auto、Important 和 No important 三种模式，Important 采用像素渲染方式，渲染效果最好也最费资源，No important 采用顶点渲染，渲染速度快，如果选择 Auto 模式会根据场景和光源情况在实际运行游戏时进行自动处理。Culling Mask 消隐遮罩可以有选择的让游戏对象不受光照影响，提高游戏运行效率。Lightmapping 为光照贴图模式，可以将场景的光影效果固化为模型贴图，在固定光源的室内场景中可以选择这种方式来得到最高效的游戏运行，缺点是缺少了光源的实时动态效果。

图 3-19　三种不同光源的遮罩效果

光源系统作为 Unity 引擎中的最重要系统之一，它直接决定了游戏最终的画面效果和引擎的渲染速度，场景中多种光源的配合应用必须要权衡好光照质量和游戏运行速度之间的关系，在保证画面效果的前提下尽量多用顶点渲染模式，减少像素渲染的光照模式。

3.4　Shader系统

Shader 的行业术语称为"着色器"，它其实是一段针对 3D 对象进行操作，并被电脑 GPU（图形处理器）所执行的程序代码，通过这些程序可以获得绝大部分的 3D 图形效果。Shader 分为 Vertex Shader（顶点着色器）和 Pixel Shader（像素着色器两种），其中 Vertex Shader 主要负责顶点的几何关系的运算，Pixel Shader 主要负责片源颜色的计算。着色器替代了传统的固定渲染管线，可以实现绝大多数的 3D 图形计算，由于其可编辑性，可以实现各种各样的图像效果而不受显卡固定渲染管线的限制，这极大地提高了图像画面的画质。在微软公司发布 DirectX 8.0 时，Shader Model（优化渲染引擎模式）的概念得到推广，从那时起 Shader 技术就广泛应用在游戏制作领域。

传统意义上的 Vertex Shader 和 Pixel Shader 都是使用标准的 Cg/HLSL 编程语言所编写的，而 Unity 引擎里的 Shaders 是使用一种叫 ShaderLab 的语言编写的，它同微软的 .FX

文件或 NVIDIA 的 CgFX 有些类似。Unity3D 引擎自带有 60 多个 Shader，这些 Shader 被分为五个大类：Normal、Transparent、Transparent Cutout、Self-Illuminated 和 Reflective。

其中，Normal 为标准着色器，适用于普通不透明的纹理对象；Transparent 透明着色器，适用于带有 Alpha 透明等级贴图通道的部分透明的对象；Transparent Cutout 为透明剪影着色器，适用于拥有完全不透明和完全透明区域的对象，比如用 Alpha 贴图制作的栅栏面片模型；Self-Illuminated 自发光着色器，用于有发光部件的对象物体；Reflective 反射着色器，用于自身不透明但能够反射外界纹理的对象，例如镜子。图 3-20 所示为 Unity 引擎常见着色器纹理显示效果的列表图。

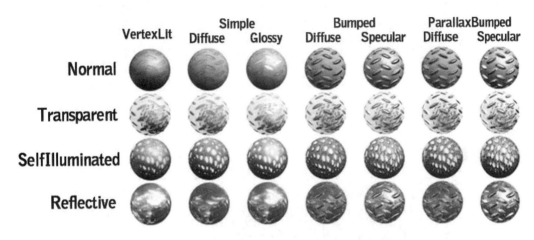

图 3-20　Unity 引擎中常用 Shader 的显示效果

在这一章节中我们主要针对 Normal Shader 进行详细讲解，在这个着色器家族共包括 9 个 Shader，都是针对不透明对象的。

（1）Vertex-Lit。

最简单的 Shader 之一，光源只在顶点计算，不会有任何基于像素渲染的效果，这个 Shader 对模型的剖分非常敏感，例如如果将一个点光源放在很靠近立方体的一个顶点那里，同时对立方体使用这个 Shader，光源只会在角落计算，如图 3-21 所示。这个 Shader 的渲染速度快，对硬件消耗低，在它下面包含了 2 个 Subshader（次级着色器），分别对应可编程管线和固定管线的着色器，对应不同的硬件处理需要。

（2）Diffuse。

Diffuse 是一个像素渲染着色器，基于 Lambertian 光照模型（见图 3-22），当光线照射到模型物体表面时，光照强度随着物体表面和光入射夹角的减小而减小，光垂直于表面时强度最大，光照强度只和角度有关，和摄像机无关。Diffuse Shader 需要设备支持可编程管线，如果设备不支持则自动使用 Vertex-Lit Shader。相对来说，Diffuse Shader 的渲染速度也比较快，硬件消耗低。

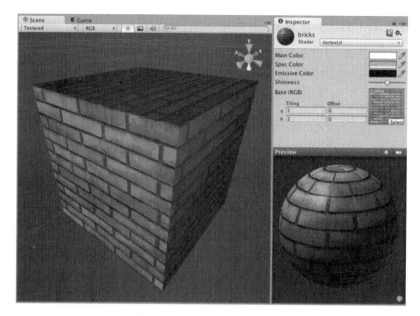

图 3-21　Vertex-Lit Shader

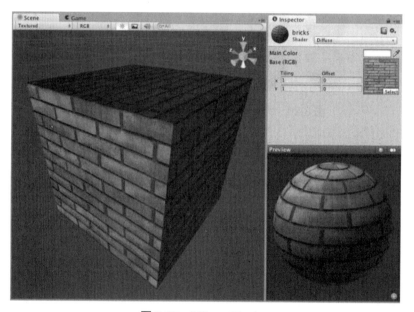

图 3-22　Diffuse Shader

（3）Specular。

Specular 使用和 Diffuse 相同的光照模型，但是添加了一个和观察角度相关的反射高光（见图 3-23）。这个被称为 Blinn-Phong 的光照模型包含的反射高光的强度与物体表面角度、光的入射角度以及观察者角度都有关系，这种高光计算方法实际上是对实时光源模糊反射的一种模拟，模糊的等级通过 Inspector 面板中的 Shininess 参数控制。

模型贴图中的 Alpha 通道被用来当作 Specular Map（高光图）使用，它定义了物体的反光率，贴图中 Alpha 通道全黑的部分将完全不反光（即反光率为 0%），而全白的的部分反光率为 100%。这在制作同一物体在不同的部分有不同的反光率的时候非常有用，比如金属物体中锈迹斑斑的部分反光率低，而光亮部分反光率比较高。再如角色模型口红的反光率比皮肤高，而皮肤的反光率比棉质衣服高。这个 Shader 可以大大提升游戏画面的效果，但同样需要设备支持可编程管线，否则自动使用 Vertex-Lit Shader。这个 Shader 的渲染速度相对较慢，耗费资源较高。

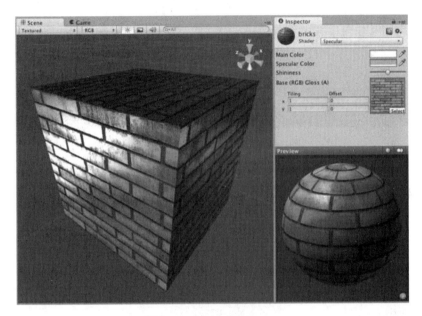

图 3-23　Specular Shader

（4）Bumped Diffuse。

同 Diffuse Shader 一样，这个 Shader 基于 Lambertian 光照模型，同时使用了 Normal mapping（法线贴图）技术来增加物体的表面细节。相对于通过增加剖分来表现物体表面细节的方式，Normal mapping 并不改变物体的形状，而是使用法线贴图来达到这种效果。在法线贴图中每个象素的颜色代表了该像素所在物体表面的法线，然后通过法线来计算光照，实现模型表面的凹凸效果，如图 3-24 所示。可以通过 CrazyBump 等插件将模型贴图转化生成法线贴图。如果硬件设备不支持法线贴图则会自动调用 Diffuse Shader，相对来说法线贴图 Shader 的渲染速度较快。

（5）Bumped Specular。

这个 Shader 相当于在 Bumped Diffuse 的基础上增加了 Specular 高光照射效果（见图 3-25），相比普通的 Specular Shader 而言，它又通过添加了法线贴图来增加模型物体细节。如果调用失败会自动使用 Specular Shader，相对而言这个 Shader 的渲染代价会比较大。

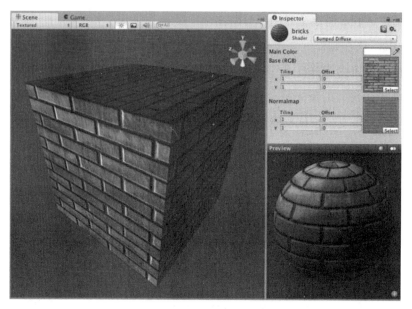

图 3-24　Bumped Diffuse Shader

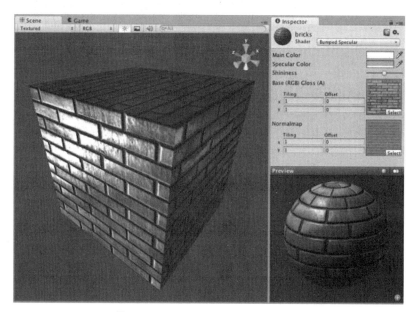

图 3-25　Bumped Specular Shader

（6）Parallax Diffuse。

Parallax Normal mapped 与传统的 Normal mapped 一样，但是对"深度"的模拟效果更好，这是通过 Height Map（高度图）来实现的，如图 3-26 所示。Height Map 在 Normal map 的 Alpha 通道里保存，全黑表示没有高度，而白色表示有高度，通常用来表现石头或者砖块间的裂缝。这个 Shader 的渲染代价相比 Bumped Diffuse 而言更大，如果调用失败会自动使用 Bumped Diffuse Shader。

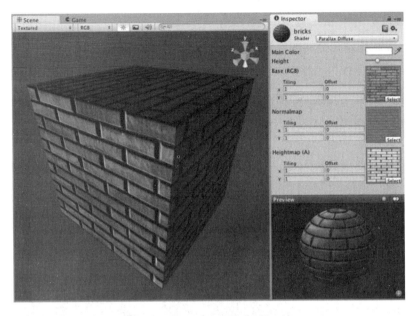

图 3-26　Parallax Diffuse Shader

（7）Parallax Specular。

与 Bumped Spcular 相比，增加了 Height Map 来刻画深度细节，与 Parallax Diffuse 相比又增加了高光照射（见图 3-27），所以 Parallax Specular 显示效果十分出色但对于硬件消耗非常大，如果调用失败则使用 Bumped Specular Shader。

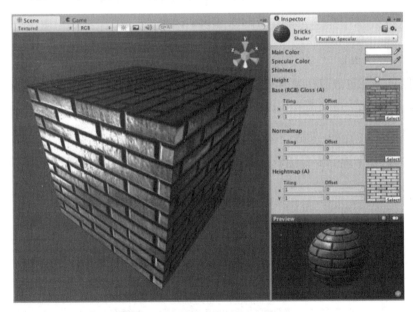

图 3-27　Parallax Specular Shader

（8）Decal。

Decal 可以制作贴图叠加的效果，这个 Shader 除了主纹理之外，还可以使用第二张纹理贴图来增加细节，Decal 纹理可以使用带有 Alpha 通道的贴图来覆盖主纹理，比如有一个砖砌的墙壁，可以用砖块贴图作为主纹理，然后使用带有 Alpha 通道的 Decal 纹理在墙壁的不同地方进行涂鸦，如图 3-28 所示。

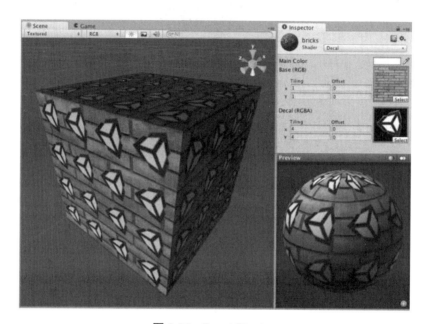

图 3-28　Decal Shader

（9）Diffuse Detail。

Diffuse Detail 可以看作是一个普通的 Diffuse Shader 附加上额外贴图纹理的 Shader 效果，它允许我们定义第二张纹理贴图（Detail Texture），当摄像机靠近的时候，Detail Texture 才逐渐显示出来，如图 3-29 所示。在地形制作上，比如我们使用一张低分辨率的纹理贴图添加到整个地形上，随着摄像机逐渐拉近，低分辨率的纹理会逐渐模糊，为了避免这个效果，可以创建一张 Detail 纹理贴图，它会将地形逐渐细分，然后随着摄像机的逐渐拉近显示出额外的细节效果。

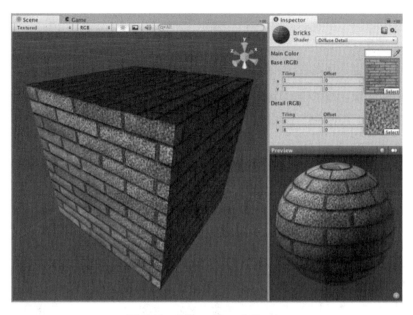

图 3-29　Diffuse Detail Shader

　　Detail 纹理是覆盖在主纹理上面的，Detail 纹理中深色的部分将会使主纹理变深，而淡色的部分将会使主纹理变亮。与 Decal 纹理不同的是，Decal 纹理是 RGBA，通过 Alpha 通道控制 Decal 纹理与主纹理的融合，而 Detail 的纹理是 RGB，直接是两张纹理的 RGB 通道分别相乘再 *2，也就是说 Detail 纹理中颜色数值 "=0.5" 不会改变主纹理颜色，">0.5" 会变亮，"<0.5" 会加深。

3.5　粒子系统

　　在 3D 化技术成熟以后，我们可以通过三维模型制作出立体空间的物体结构，三维模型在 XYZ 三个维度的虚拟空间内以完全真实的状态呈现，人们可以从不同的角度观察模型物体，即使观察视角以外的模型部分也是客观完整存在的。对于具象化三维模型的制作技术从开始便得到了很好的解决，但在游戏世界中还有另一类物体，他们相对来说比较抽象，没有固定的外形，比如火焰、水滴、烟雾等，它们无法用传统的三维建模方式来制作，原本在二维动画中很容易解决的技术问题到了三维世界中却成了难题。针对所面临的这些问题，三维程序设计师另辟蹊径，开发出了三维粒子系统，粒子的本质就是在三维空间中通过对 2D 图像的渲染来实现层次感和立体化的效果。

　　三维技术发展至今，三维建模技术早已趋于成熟，而粒子系统却在不断的改进和发展，无论是三维制作软件还是 3D 游戏引擎，研发厂商都想在自己每一代的软件中展示出具有超越性的粒子特效系统，粒子系统也成为了三维制作体系中一个至关重要的方面。一个常规的三维粒子系统必须具备粒子发射器、粒子动画和粒子渲染三大部分，想要制作出动态的粒子效果，这三者缺一不可。粒子发射器负责产生粒子，粒子渲染负责特效的最终呈现，利用这两者可以制作出静态的粒子效果，而粒子动画才是真正让粒子实现动态效果的关键，粒子动画也是现在粒子系统中最为复杂的部分，强大的粒子系统可以实现粒子动画的逻辑化运动流程，甚至可以让粒子具备一定的智能化形态。

Unity3D 在 4.0 之前的粒子系统相对于目前主流的游戏引擎来说不能算特别强大，但已经可以制作出游戏中用到的绝大多数的粒子特效，比如火焰、烟雾、水浪水花、爆炸、法术效果等（见图3-30）。在 Unity3D 引擎发布 4.0 版本的时候，将自身的粒子系统重新命名为 Shuriken（忍者镖），并大幅度优化了粒子的碰撞检测，支持多线程处理，相应也提升了粒子动画的功能特性。

图 3-30　利用 Unity 引擎制作的粒子特效

在 Unity 引擎编辑器中可以通过单击 GameObject 游戏对象菜单，通过 Create Other 选项来创建粒子系统，或者也可以创建一个空的游戏对象，然后通过 Component 组建菜单中 Effects 特效选项来添加粒子系统组件。创建出的粒子可以通过 Inspector 属性面板进行相关参数的设置，包括粒子发射器参数设置、粒子动画设置、粒子渲染设置以及粒子碰撞设置这四大方面，对于具体的功能和参数会在后面的章节中详细讲解。

3.6 动画系统

通常来说，游戏引擎中的动画系统主要承担了对于模型动画剪辑、编辑、衔接和管理的任务，因为三维模型动画的细节制作并不是在引擎编辑器中完成的，需要在三维制作软件中进行制作，然后导入游戏引擎编辑器当中。在新版 Unity3D 中内置了一套功能强大的动画系统——Mecanim，Mecanim 是一个完整的游戏动画解决方案，它与 Unity 引擎原生集成，对动画进行优化处理以便在 Unity 引擎上运行，Mecanim 可以在编辑器中得到直接创建和构建肌肉剪辑、混合树、状态机和控制器所需的全部工具和工作流程。Mecanim 系统主要有以下特色。

（1）为人形角色动画制作提供简单的工作流程。

（2）动画重定向功能，能够把一个动画剪辑应用到多个不同的模型角色上。

（3）便捷的动画片段剪辑、编辑、交互、预览工作流程。

（4）使用可视化的编辑工具对游戏动画间的复杂交互进行管理，如图 3-31 所示。

（5）对于角色动画身体的不同部位使用不同的逻辑动画控制。

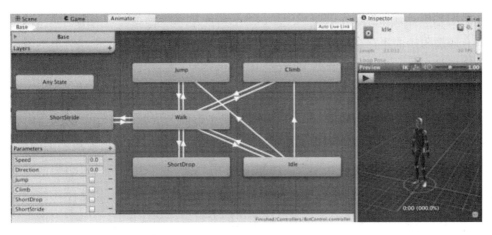

图 3-31　可视化的动画编辑工具

Mecanim 系统的工作流程主要分为以下三个阶段。

（1）资源准备和导入工作，游戏动画师利用 3ds Max 等三维制作软件制作动画的细节，然后将模型和动画文件进行导出。

（2）在 Unity3D 引擎编辑器中对角色模型进行配置，Mecanim 提供专门的工具对模型本身进行相关的设置，为下一步动画的指定做准备。

（3）为模型角色指定动画，让其实现运动。包括设定动画剪辑和它们之间的交互，动画状态机和混合树的设定（见图 3-32），利用代码控制动画等。

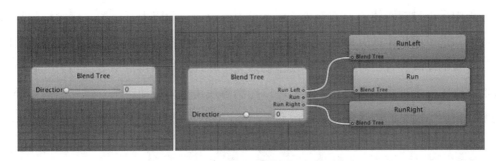

图 3-32　动画混合树的操作界面

游戏引擎中的高级动画系统主要都是针对角色模型而言，对于游戏场景制作来说，主要制作旗帜飘舞、门的开闭、模型位移旋转、UV动画以及场景道具模型动画等效果，而制作也非常简单，只需要在3ds Max中制作好模型的循环动画，然后将模型和动画整体导出为.FBX文件，导入到Unity引擎编辑中在模型Inspector窗口下的Animation动画面板中勾选自动播放选项，这样就能实现场景模型动画的循环播放。

3.7 物理系统

在早期利用三维技术制作的游戏中是没有物理系统这一概念的，三维模型之间的物理效果只有碰撞阻挡而不存在碰撞反应，比如玩家控制的角色接触到行进路线上的障碍物会被其阻碍继续行进，但不会发生将其碰倒、撞开的情况。随着游戏引擎技术的发展，物理引擎的概念被逐渐引入了三维游戏制作当中，物理引擎可以让虚拟世界中的物体运动符合真实世界的物理定律，增加游戏的真实感。现在市面上成熟的游戏引擎都会内置有物理引擎，但这些物理引擎并不是游戏引擎生产商自主研发的，而是被授权添加内置使用，其中的物理引擎技术多来自于PhysX、Havok和Bullet，它们并称为当今世界的三大物理运算引擎，其中PhysX就是Unity3D的内置物理引擎，3ds Max中的授权物理引擎就是Havok，而Bullet物理引擎被广泛应用于好莱坞的影视制作领域。

PhysX物理运算引擎由五名年轻的技术人员开发，他们成立了AGEIA公司，PhysX最初称为NovodeX，后改名为PhysX，AGEIA公司被Nvidia收购后，PhysX引擎也就随着划入Nvidia旗下。Nvidia公司凭借自身在硬件领域的地位让PhysX引擎成为世界上应用最为广泛的物理引擎技术，到目前为止，在世界范围内已经有超过300款游戏应用了PhysX物理引擎。Unity3D的物理系统基于PhysX物理引擎技术，在引擎编辑器中包括刚体、碰撞器、角色控制器、物理材质、关节等几大模块，下面来分别讲解介绍。

Rigidbody（刚体）是指三维空间中的物理模拟物体，被赋予刚体属性的模型物体可以收到场景中各种力的影响，并产生真实的物理碰撞反应。可以从Components组件菜单的Physics选项下创建Rigidbody添加到选择的模型物体上，如图3-33所示，在Inspector属性面板中可以设置刚体的相关参数，包括重力、阻力、角阻力、差值、碰撞检测和约束等。如果勾选了面板中的isKinematic选项，那么刚体会成为运动学刚体，运动学刚体可以进行自身的动画设置，可以与其他模型物体发生物理反应但自身不会受到力的影响，比如我们制作了一个推箱子的游戏，玩家可以控制游戏角色去推动箱子，但反过来箱子不能推动游戏角色，这里的游戏角色就是运动学刚体。

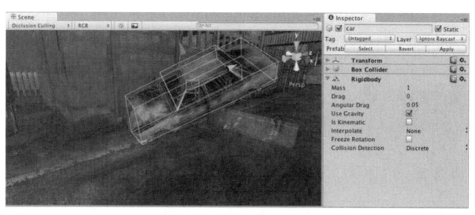

图 3-33　设置为刚体的模型物体

Collider（碰撞器）是一种物理系统组件，它可以用来设置物理碰撞的范围，这类似于场景制作中碰撞盒的概念，碰撞器必须与刚体一起添加到模型物体上才会发生碰撞反应。可以从引擎编辑器 Component 菜单下的 Physics 选项中添加碰撞器，碰撞器一共分为五种类型：Box Collider（盒式碰撞器）、Sphere Collider（球形碰撞器）、Capsule Collider（胶囊碰撞器）、Mesh Collider（网格碰撞器）和 Wheel Collider（车轮碰撞器），其中常用的为盒式碰撞器、球形碰撞器和网格碰撞器三种，下面分别介绍。

Box Collider 盒式碰撞器是基于 BOX 立方体外形的原始碰撞器组件，将其添加到模型物体后可以从 Inspector 面板中进行参数设置（见图 3-34），包括碰撞器大小、中心、触发器以及物理材质等，如果勾选 Is Trigger 选项，模型物体被赋予触发器属性，自身不会受到物理引擎的控制，当发生碰撞时会触发其他事件，比如模型动画、过场 CG、信息显示等。盒式碰撞器通常用于外形规则的模型物体，比如门、墙体、建筑等，这也是 Unity 场景制作中最常用的碰撞器，我们可以在场景建筑模型导入后利用其制作模型的碰撞盒。

图 3-34　盒式碰撞器

Sphere Collider 球形碰撞器是基于球形外形的原始碰撞器组件，在添加到模型物体后，

77

我们同样可以在 Inspector 面板中设置其参数（见图 3-35），与盒式碰撞器完全相同，包括碰撞器大小、中心、触发器和物理材质的选择，球形碰撞器主要用于球体外形的模型。

图 3-35　球形碰撞器

Mesh Collider 网格碰撞器相当于按照模型自身的多边形结构将整体创建为碰撞器组件（见图 3-36），在碰撞检测上网格碰撞器要比原始碰撞器精确得多。在 Inspector 面板的参数设置上与原始碰撞器相比，除了物理材质和触发器的设置相同外，还包括三个不同的选项，Mesh（网格）用来选择碰撞所引用的网格模型物体，Smooth Sphere Collision（平滑性状碰撞）激活后网格碰撞器被设定为没有棱角的平滑起伏碰撞模式，Convex（凸起）被选择后网格碰撞器可以与其他网格碰撞器发生物理碰撞反应，否则正常状态下两个被添加网格碰撞器的刚体是不能产生物理碰撞的。

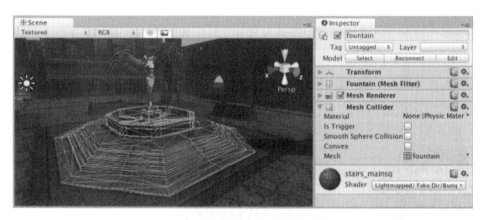

图 3-36　网格碰撞器

由于网格碰撞器会产生较多的模型面数，对于硬件资源负担较大，通常不建议大规模使用，如果某些情况下如果原始碰撞器不能满足我们的需要，但仍然不想用网格碰撞器，我们可以用复合碰撞器来代替。所谓的复合碰撞器就是原始碰撞器相互组合而形成的碰撞器集合，根据模型物体的结构可以设置多个原始碰撞器来模拟网格碰撞器的效果，我们可以对原始碰撞器进行父子关系设置，这样就可以形成一个具有不规则外形的碰撞器整体

（见图 3-37），这种方式也是 Unity 场景制作中常用的碰撞盒制作方式。

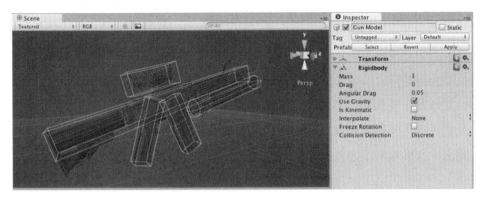

图 3-37　复合碰撞器

Character Controller 角色控制器是 Unity 引擎编辑器预置的角色物理模拟组件，用于类人体模型角色的物理模拟，这相当于一个专门为角色模型制作的特殊运动学刚体，模型角色可以受到玩家的控制，执行运动动画，同时可以与执行碰撞检测但却不会受到外界力的影响，比如在游戏中我们可以控制角色奔跑、跳跃，可以上下台阶、贴着墙壁运动，但却不会被其他模型物体击倒撞飞，脱离玩家的控制。在 Unity 项目面板的预置组件中可以直接调用系统为我们准备的角色控制器组件，分为第一人称和第三人称两种视角方式，通常在游戏场景制作完成后我们用角色控制器来对场景进行检验（见图 3-38）。

图 3-38　场景编辑器中的第一人称角色控制器

Physic Material 物理材质是用来调节碰撞物体的摩擦力和弹力效果，要创建物理材质从菜单栏选择 Assets->Create->Physic Material，然后从项目视图拖曳物理材质到场景的一个碰撞器上，如图 3-39 所示。可以在 Inspector 面板中设置碰撞物体的动态摩擦力、静态摩擦力、弹力、摩擦力结合模式、弹力结合模式、弹力合并模式以及各向异性摩擦力等参数。摩擦力是防止物体滑动的参数，当尝试堆积物体时，这个参数是至关重要，摩擦力有两种形式：动态和静态，当物体是静止状态时，使用静态摩擦力，这将防止物体移动，如果有足够大的力施加给物体，模型物体将会开始移动，此时动态摩擦力开始作用，当该物体与其他物体碰撞时，动态摩擦力将对物体的滑动产生阻碍效果。

Joint关节用于连接两个不同的刚体模型，分为铰链关节和弹簧关节，正如他们的名称一样，分别可以用于制作链条的连接效果和弹簧效果，一般在游戏场景制作中较少应用，对于参数设置这里就不作过多讲解了。

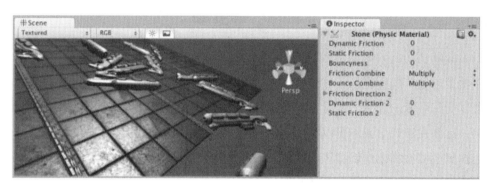

图 3-39　物理材质

3.8　脚本系统

脚本系统是所有游戏引擎中必不可少的系统功能之一，不可能所有的游戏制作功能都通过引擎编辑器这样可视化的操作界面来完成，在某些情况下利用脚本来进行编辑控制更能便捷的实现最终效果。Unity引擎中编写简单的行为脚本可以通过Javascript、C#或Boo等语言来完成，Javascript是Unity官方推荐的脚本语言，我们可以在一个项目中使用一种或同时使用多种语言来编辑脚本。

创建一个新的脚本，可以从菜单栏打开Assets-> Create -> JavaScript (或Assets -> Create -> C Sharp Script 或 Assets -> Create -> Boo Script)，如图3-40所示，这样就创建出了名为NewBehaviourScript的脚本，这个文件被放置在项目视图面板里被选中的文件夹中，如果在项目视图里没有选中的文件夹，脚本就被创建在根层级。

如果要将脚本附加到游戏对象上，我们可以从Unity视图的项目面板中拖曳编辑好的脚本到游戏对象上，也可以选中游戏对象，通过菜单栏中Component -> Scripts -> New Behaviour Script将脚本附加到游戏对象上，如图3-41所示。我们创建的每一个脚本都会出现在Component -> Scripts菜单中，如果改变了脚本的名称，菜单中的名字也将随之改变。

图 3-40   在 Unity 菜单中创建脚本

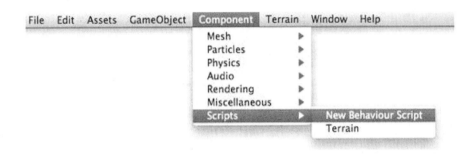

图 3-41   在菜单中创建 New Behaviour Script

我们可以利用 Unity 脚本控制游戏对象，访问游戏组件，还可以利用脚本编辑制作 GUI 游戏图形界面。脚本系统更多是提供给程序制作人员使用的，Unity 场景美术设计涉及较少，如果想要深入学习，可以通过 Unity 自带的脚本手册作为参考，这里不做过多讲解了。

3.9 音效系统

游戏音频在任何游戏中都占据非常重要的地位，很多经典的游戏即使在玩过很多年以后，游戏中的音乐或音效仍然会深深存在于我们的记忆中，比如在嘈杂的人群中响起超级玛丽的电话铃声，那熟悉的旋律总能在第一时间抓住我们的耳朵，当我们路过网吧门口，那句 "Fire in the hole" 的音效总能让我们回忆起当年在 CS 中拼杀的场景，这就是游戏音频的魅力。

在 Unity 中音频的播放分为两种，一种为游戏音乐，另一种为游戏音效。游戏音乐是指游戏场景中音响时间较长的音频，比如游戏的背景音乐，而游戏音效通常是很短小的声音片段，比如开枪、打怪时发出的击打音效。Unity 引擎一共支持四种格式的音频文件：

WAV、AIFF、OGG 和 MP3，WAV 和 AIFF 格式适用于较短的音频文件，通常作为游戏音效，而 OGG 和 MP3 格式适用于较长的音频文件，通常作为游戏的背景音乐。

对于 Unity 引擎编辑器中的音效系统要了解两个非常重要的概念：Audio Source 音频源和 Audio Listener 音频侦听器，Audio Source 是 Unity 引擎音效系统中的发声者，而 Audio Listener 是音效系统中的听声者，音频源和音频侦听器相当于嘴巴和耳朵的作用，在游戏场景中只有这两种因素同时具备时，玩家才能在实际运行的游戏中获得音响效果，缺一不可。

我们可以对选中的游戏对象添加 Audio Source，从 Component 组件菜单下的 Audio 选项进行添加，如图 3-42 左所示。

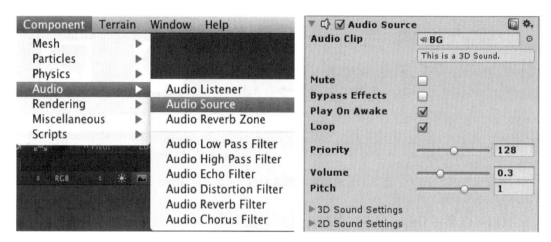

图 3-42　在菜单中创建音频源及参数设置面板

从 Inspector 属性面板中可以对音频源的参数进行设置，如图 3-42 右所示，表 3-4 所示为面板中的一些重要参数。

表 3-4

参数名称	中文含义	功能解释
AudioClip	音频片段	选择想要播放的音频片段
Mute	静音	如果启用，声音播放时为静音状态
Bypass Effects	直通效果	是否打开音频特效
Play On Awake	唤醒时播放	如果启用，声音会在场景启动时自动播放 如果禁用，则需要用脚本来启动
Loop	循环	使音频文件循环播放
Priority	优先权	确定场景所有并存的音频源之间的优先权，0=最重要的优先权，256 =最不重要，默认为128

续　表

参数名称	中文含义	功能解释
Volume	音量	音频播放的声音大小，取值范围从0到1.0
Pitch	音调	可以减速或加速音频的播放，默认速度为1

以上为常用的音频设置参数，面板下面的 3D Sound 选项可以设置音频距离 Audio Listener 的衰减变化。Audio Listener 音频监听器没有属性设置，它必须被添加才能使用，通常它被默认地添加到主摄像机上（见图 3-43），这样我们可以在游戏视图中随着摄像机的移动来获得音响效果，需要注意的是，一个游戏场景中只允许存在一个 Audio Listener。

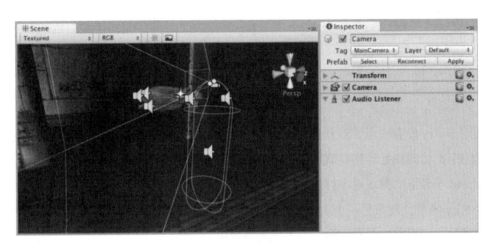

图 3-43　将 Audio Listener 添加到主摄像机上

3.10　Unity3D的输出功能

在 Unity 制作游戏的流程中，最后一步也就是游戏制作完成后，就要对游戏进行打包输出和发布，输出功能仍然是 Unity3D 引擎一个十分重要的方面，我们可以通过 File 文件菜单下面的 Build Settings 来进行输出前的设置，如图 3-44 所示。在弹出的窗口面板中，可以选择 PC、Web、iOS、Android、Xbox、PS、Wii 等多种游戏平台格式，并进行相应的发布设置。 在 Unity 4.2 版本中新增了对 Windows 8、Windows Phone 8 以及 BlackBerry 10 平台的支持，这样一来 Unity 引擎所支持的移动平台（包括免费版和 Pro 版）便一举增加到了四个：Android、iOS、Windows Phone 8 和 BlackBerry 10。下面我们以安卓平台为例了解下 Unity 引擎的游戏发布流程。

图 3-44　　Unity 引擎的发布设置面板

利用 Unity 发布安卓游戏程序一共可以分为三个步骤：1. 制作 Key 签名；2. 打包生成 APK 程序；3. 将游戏上传到谷歌网站中的 Google Play Store。这里解释几个概念，APK 是指 Android 平台下的游戏程序打包格式，而 Key 是指 APK 对应的程序签名，APK 如果使用一个 Key 签名，发布另一个 Key 签名的文件将无法安装或覆盖旧的版本，这样可以防止已安装的应用程序被恶意的第三方覆盖或替换掉。

制作 Key 签名需要在 Build Settings 面板下 Player Settings 中的 Publishing Settings 面板中进行设置，首先勾选面板中的 Create New Keystore，然后通过 Browse Keystore 来设置 Keystore 的储存路径，接下来在下方设置 Keystore 的密码，如图 3-45 所示。

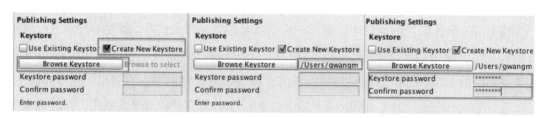

图 3-45　　制作新的 Keystore

然后在下面 Alias 的下拉菜单中选择 Create a new key，如图 3-46 所示。接下来在弹出的面板中填写创建 Key 的信息，这里要注意的是，Alias 名称不能为空，Valodity(years) 至少要填 50 以上，如图 3-47 所示。

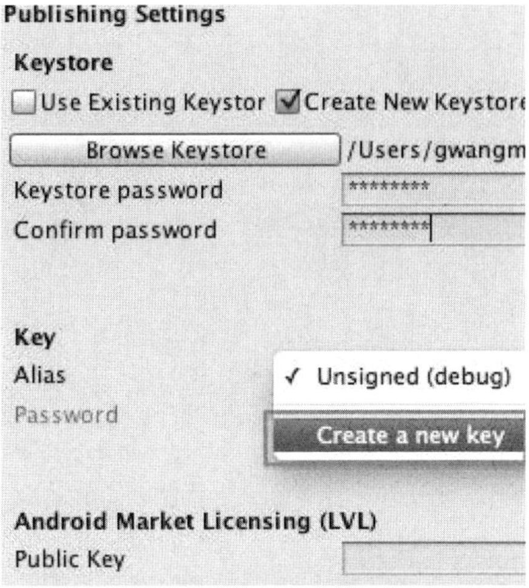

图 3-46　制作一个新的 Key

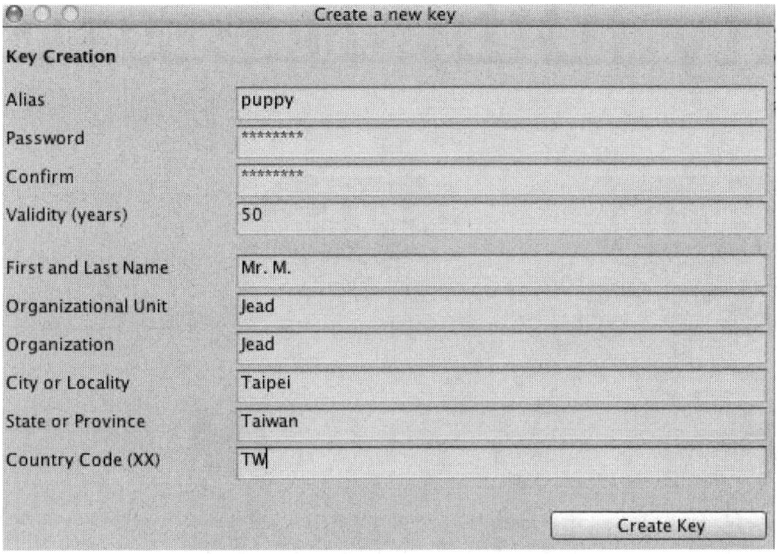

图 3-47　创建 Key 信息面板

Key 制作完成后就可以在 Build Settings 面板中单击 Build 来打包输出 APK 程序了，输出前要注意在游戏视图中选择合适的屏幕分辨率尺寸。然后我们可以登录 Google Play 的网站页面（play.google.com/apps/publish）来上传自己的游戏程序，经过一系列的提交步骤和网站审核后，我们就能在谷歌商城中看到自己分享的游戏程序了。

4

Unity3D山体地形的制作

三维游戏引擎成熟化以前，在早期的三维游戏制作中，游戏场景中所有美术资源的制作都是在三维软件中完成的，除了场景道具、场景建筑模型以外，甚至包括游戏中的地形山脉都是利用模型来制作的，而一个完整的三维游戏场景包括众多的美术资源，导致在制作时会产生多边形面数巨大的模型，如图4-1所示，这样一个场景用到了15万之多的模型面数，不仅导入游戏的过程十分繁琐，而且制作过程中三维软件本身就承担了巨大的负载，经常会出现系统崩溃、软件跳出的现象。

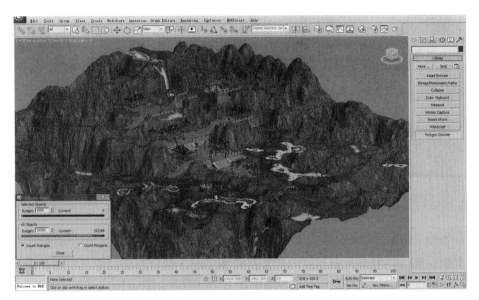

图4-1　利用三维软件制作的大型山地场景

随着技术的发展，在进入游戏引擎时代后，以上所有的问题都得到了完美的解决，游戏引擎编辑器不仅可以帮助我们制作出地形和山脉的效果，除此之外，水面、天空、大气、光效等很难利用三维软件制作的元素都可以通过游戏引擎来完成，我们只需要利用三维软件来制作独立模型，尤其是野外场景的制作，80%的场景工作任务都是通过游戏引擎地图编辑器来整合实现的。

利用游戏引擎编辑器制作场景地形其实分为两大部分——地表和山体，地表是指游戏虚拟三维空间中起伏较小的地面模型，山体则是指起伏较大的山脉模型。地表和山体是对引擎编辑器所创建同一地形的不同区域进行编辑制作的结果，两者是统一的整体，并不是对立存在的。

引擎地图编辑器制作山脉的原理是将地表平面进行垂直拉高形成突出的山体效果，这种拉高的操作如果让相邻地表高度差过大，就会出现地表贴图拉伸撕裂严重的现象，所以地形山脉用来制作远景连绵起伏的高山效果会非常好，如果要制作高耸的山体往往要借助于三维模型才能实现。如图4-2所示，场景中海拔过高的山体部分利用三维模型来制作，然后将模型坐落在地形山体之上，两者相互配合实现了很好的效果。

图4-2   利用三维模型制作的山体效果

在有些场景中地形也起到了场景衔接的效果，如图4-3所示，如果让山体模型直接坐落在海水中，那么模型与水面相接的地方会非常生硬，利用起伏的地形包围住山体模型，这样就能利用地表的过渡与水面进行完美衔接。

图4-3   山体模型和水面之间利用地形衔接过渡

在实际三维游戏项目的制作中，利用游戏引擎编辑器制作游戏场景的第一步就是要创建场景地形，场景地形是游戏场景制作和整合的基础，它为三维虚拟化空间搭建出了具象的平台，所有的场景美术元素都要依托于这个平台来进行编辑和整合，所以地形的编辑和制作在引擎编辑器制作场景的整个流程中是十分重要和关键的一步，它直接决定了场景整体的氛围和基调，本章就来为大家讲解 Unity3D 引擎制作山体地形的流程、方法和技巧。

4.1　地形的建立

在创建地形之前，我们首先要在 Unity 中建立场景项目，单击 Unity 文件（File）菜单选择 New Project，在弹出窗口的 Create New Project 选项卡下，可以选择新建项目的路径位置，下面的 Import the following packages 窗口可以选择导入 Unity 为我们提供的预置资源包，包括角色控制器、预置天空盒、预置水系、光效和粒子等，可以按照自己的需要选择导入，也可以全部导入，在进入 Unity 编辑器后我们还可以继续添加导入，最后我们单击 Create 按钮就完成了新的项目场景的创建，如图 4-4 所示。

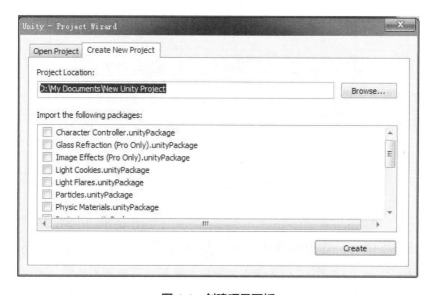

图 4-4　创建项目面板

接下来通过 Terrain 菜单下的 Create Terrain 命令创建默认地形，然后通过 Terrain 菜单下的 Set resolution 命令来设置地形的属性参数，这里我们将地形的长和宽设置为 1000，地形高度设置为 200，其他参数保持默认，地形高度的设置会影响后面导入黑白地势高度图的整体高度比例，然后单击 Set Resolution 按钮来保存设置，如图 4-5 所示。

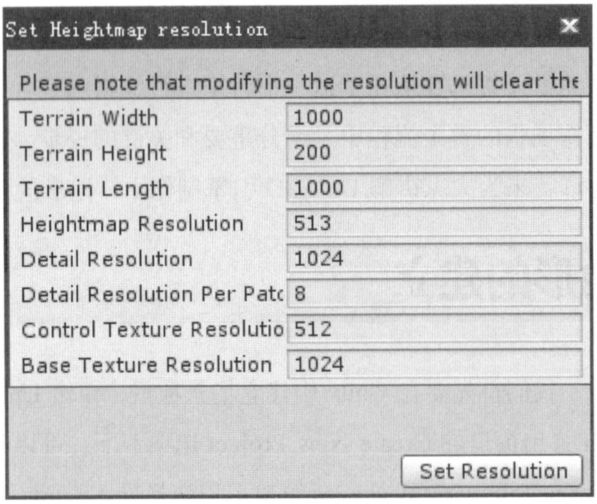

图4-5 设置地形参数

　　然后我们通过 Terrain 菜单下的 Flatten Heightmap 命令将地形在引擎编辑器中的空间位置整体抬高，这样做是为了能制作出低于地形水平面的凹陷地表效果，将 Height 的值设定为 50，单击 Flatten 按钮执行设置，如图 4-6 所示。

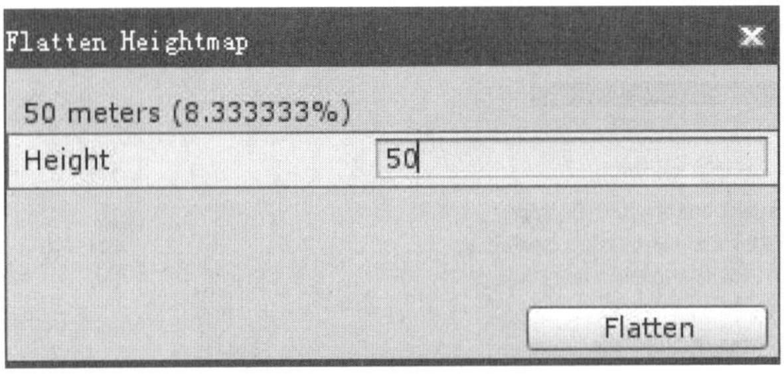

图4-6 设置地形水平高度

　　在实际游戏制作中，在地形的基本设置结束后，我们通常会导入一张黑白地势高度图，黑白地势高度图是指利用黑白灰像素来定位地形起伏高度的地势图，通过导入地势图可以创建出大致的地形，便于从宏观把握地形的整体区域结构、位置和走势，为下一步绘制地形细节打下基础，相对于直接绘制地形节省了大量的制作时间。地势高度图通常利用 PS 等二维图像软件来进行绘制，图像中由黑到白的像素变化表示地形凸起的高度变化，图像的尺寸越大，包含像素越丰富，最后生成的地形细节也越多，地势高度图必须要储存为 Raw 格式。然后通过 Unity 编辑器 Terrain 菜单下的 Import Heightmap 命令来导入高度图，如图 4-7 所示，图中右侧为导入的黑白地势高度图。

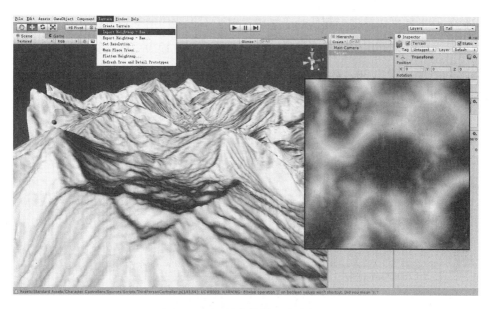

图 4-7　利用地势高度图生成地形

4.2 利用笔刷工具编辑地形

由于地势高度图存在的细节较多，被创建出来的地形表面太不规则，下面我们要通过 Inspector 面板中的地形柔化工具（Smooth Height）对地形进行整体光滑过渡处理，在面板中选择合适的笔刷，设置好笔刷的大小和力度，然后对地形进行绘制操作，如图 4-8 所示。

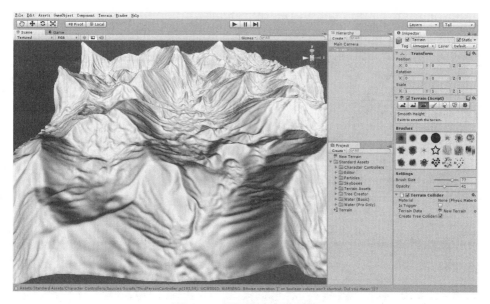

图 4-8　对地形进行柔化处理

柔化笔刷工具可以让地形起伏趋于平滑，对于不想要的地形细节，可以通过笔刷反复柔化并抹平。接下来利用绘制高度工具（Paint Height）在地表山脉之间绘制一条平坦的道路，将绘制高度设置为30，选择笔刷并设置笔刷大小和力度，然后按住鼠标左键进行拖曳绘制，如图4-9所示。

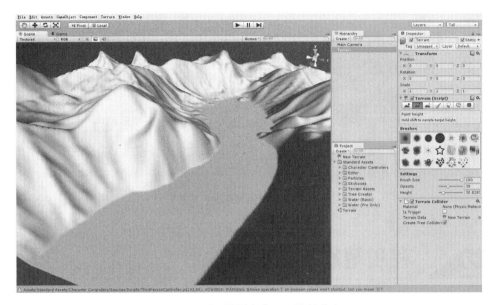

图4-9　利用绘制高度工具绘制道路

利用绘制高度工具绘制的道路与山体底部的交接边缘过渡较硬，下面我们继续利用地形柔化工具来进行平滑处理，让两侧的山体形成自然的起伏过渡效果，如图4-10所示。

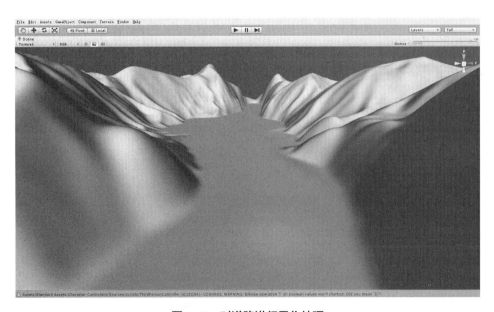

图4-10　对道路进行柔化处理

柔化过的地形与之前相比虽然变得自然，但平台的道路显得过于刻板，同时缺乏真实的地貌特征，所以我们要利用地形升降绘制工具对道路做进一步的编辑和绘制，选择笔刷并设置笔刷大小和力度，然后对道路进行拉升和降低的绘制操作，这里尽量将笔刷大小和力度调低，方便制作小幅度的地形起伏变化，如图 4-11 所示。对于不满意的地表细节，我们可以反复利用柔化工具进行处理。经过不断的绘制，最终我们得到了符合要求的地形结构，如图 4-12 所示。

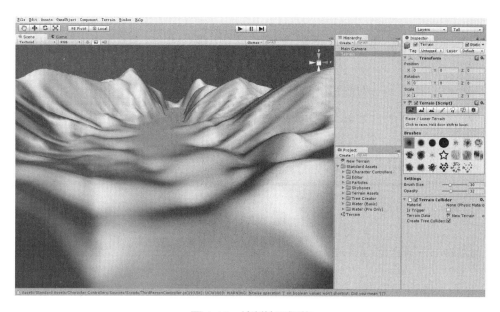

图 4-11　绘制地形细节

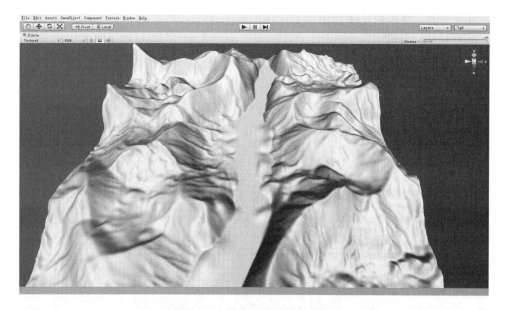

图 4-12　绘制完成的地形效果

4.3 地表贴图的绘制

完成了地形模型的制作后，我们开始添加绘制地表贴图。在 Inspector 面板的地形绘制模块中选择 Paint Texture 工具，激活后除了常规的笔刷设置外还会出现 Textures 选项，单击 Edit Textures 按钮，通过 Add Texture 命令添加地表贴图，在弹出的面板中可以选择想要添加的贴图纹理、平铺尺寸以及偏移距离，如图 4-13 所示。

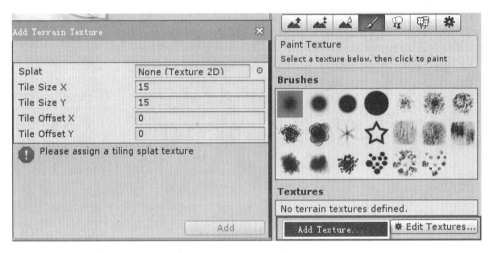

图 4-13　添加地表贴图面板

第一张被添加的地表贴图会整体覆盖到全部地形上，这里我们选择一张草地的贴图作为整个地形场景的基调贴图，Tile Size 贴图的平铺比例保持默认的值 15，这个值可以决定贴图的缩放比例，要根据具体的场景和贴图来进行调整，单击 Apply 按钮后贴图就被添加到了整个地形上，如图 4-14 所示。

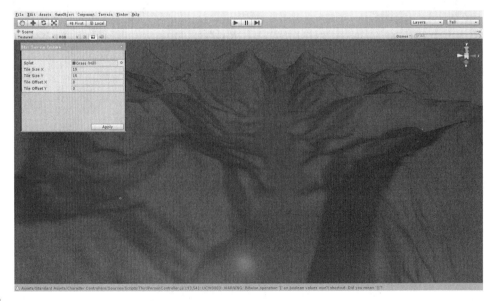

图 4-14　平铺覆盖到整个地形上的地表贴图

接下来用同样的方法继续添加一张岩石贴图,将 Tile Size 设置为 50,选择合适的笔刷并调整笔刷大小和力度,然后在地形上进行绘制,这样就制作出了坚硬的山石效果,如图 4-15 所示。

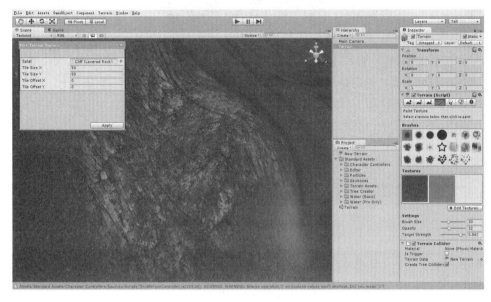

图 4-15　添加绘制岩石地表贴图

然后将笔刷范围调大,利用这张岩石贴图对整个地形场景进行大面积的绘制,让隆起的地形形成山体效果,如图 4-16 所示。对于山体地形的绘制,在山体顶端和山脚处通常都会被草地覆盖,中间山腰的位置为岩石纹理,要根据山体的结构和走势来绘制岩石纹理,这是地形山体绘制的常用基本技法。大面积的贴图绘制完成后,接下来将笔刷范围调小,对局部的地形场景来进行细节绘制,如图 4-17 所示。

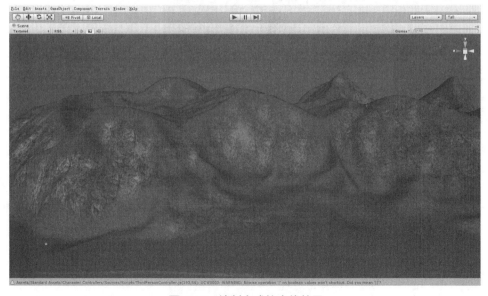

图 4-16　绘制完成的山体效果

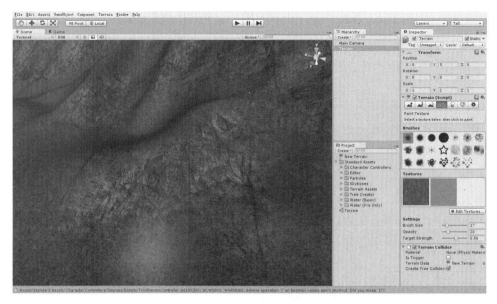

图 4-17　进一步绘制地表细节

　　继续添加导入第三张地表贴图，这是一张沙石路面贴图，作为山谷中间道路的贴图纹理，在进行绘制的时候要注意与两侧草地贴图的衔接过渡，如图 4-18 所示。

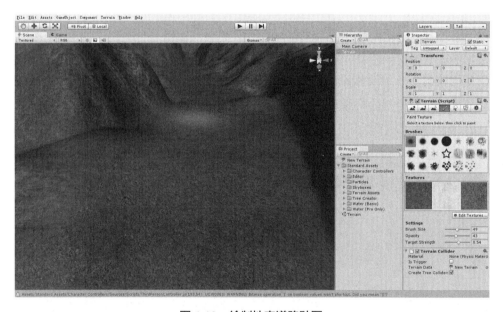

图 4-18　绘制地表道路贴图

4.4 添加植物模型

　　场景地形和贴图都制作完成后，我们激活 Inspector 面板地形模块中的 Place Trees 工具为场景添加植入树木模型，在 Trees 选项中通过 Edit Trees 添加导入树木植物模型，我们从 Unity 预置资源中选择名为 BigTree 的树木模型，在下方的 Settings 设置选项中调整笔刷大小、密度以及植物模型的比例，然后在场景中进行绘制，如图 4-19 所示。

　　因为植物模型的多边形面数相对较多，所以在绘制的时候通常将笔刷范围调大，绘制密度降低，这样利用鼠标点击绘制的时候可以少量成组绘制，在某些情况下还可以将笔刷大小和密度都调的很小，进行单棵植物模型的绘制。对于不满意的绘制结果，可以按住 Shift 键单击植物模型进行擦除操作。在地形场景中种植树木模型的时候要注意，只能将树木种植在草地地表贴图的范围内，而不能将其种植在岩石贴图区域内。

图 4-19　在地表上种植树木模型

　　接下来我们选择地形模块中的 Paint Details 工具为地表绘制草地植被，同样通过 Details 选项下的 Edit Details 添加导入草的 Alpha 贴图，然后调整笔刷大小和密度进行绘制，如图 4-20 所示。

图 4-20   种植地表草地植被

草模型植被同样要绘制在地表草地贴图范围内，通常分布在道路两侧，在实际游戏制作中草植被一般也被成组绘制，比如分布绘制在树木模型周围，或者分区域进行种植，如果大面积进行刷草，势必也会造成巨大的硬件负载，对于场景地形中植物模型的绘制一定要权衡显示效果和资源效率之间的关系。

以上的植物模型都是直接调用的 Unity 预置资源，如果我们想将自己制作的植物模型添加到场景中该如何操作呢？以草地植被为例，如果要添加一张新的 Alpha 草贴图，我们可以从 Unity 项目文件夹中找到地表草地贴图的存放路径位置（Unity Project\Assets\Standard Assets\Terrain Assets\Terrain Grass），将想要添加的 Alpha 贴图直接复制到这个文件中，然后我们就可以在 Unity 编辑器中找到并导入这张贴图了，如图 4-21 所示。

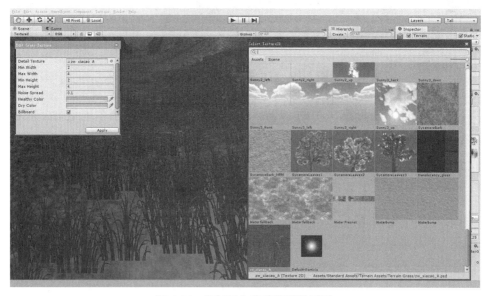

图 4-21   添加导入自定义草地贴图

4.5 制作天空盒子

Skybox，也叫天空盒子，是指笼罩在整个游戏世界场景外部用来表现游戏空间天空的模型及其贴图。在游戏场景制作中，天空是最难以用具象的模型来制作的，所以在早期的游戏制作中就引入了天空盒子的概念，早期的天空盒子是在 3ds Max 中利用半球模型制作的穹顶，然后为其添加二方连续的天空贴图，如图 4-22 所示。

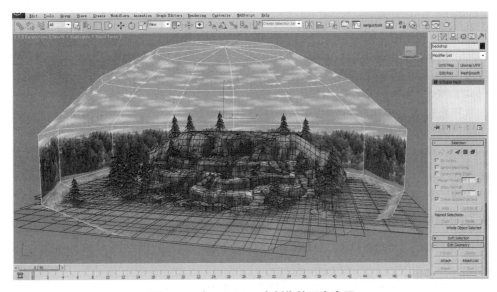

图 4-22　在 3ds Max 中制作的天空盒子

在场景和天空盒子制作完成后再将其一起导入游戏，这种单独制作的天空盒子缺点是每个场景都要为其制作不同的天空盒子模型，随着游戏引擎技术的发展，天空盒子逐渐被引入并集成到了游戏引擎中，在场景制作中不再需要制作天空盒子的模型，我们只需要在游戏引擎中替换不同的贴图就可以实现不同场景的天空效果了。

Unity3D 引擎中的天空盒子是一个六面体的概念，是由三维空间中 6 张平面贴图共同构建的六面体结构，如图 4-23 所示，下面介绍一下 Unity 天空盒子的制作方法。

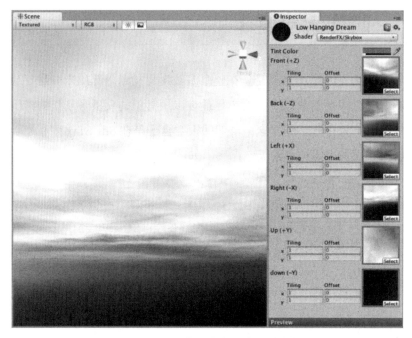

图 4-23　Unity 中天空盒子的六面体结构

首先我们要在平面软件中制作 6 张分别对应天空盒子 6 个面的天空贴图，然后将贴图放入 Unity3D 项目文件夹 Assets\Standard Assets\Skyboxes\Textures\ 的路径下，通常用 Front、Back、Left、Right、Up、Down 等后缀来命名不同方位的贴图，如图 4-24 所示。

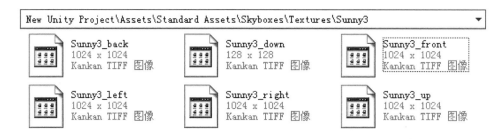

图 4-24　Unity 天空盒子贴图存放的路径位置

接下来我们可以在 Unity 编辑器的项目面板中找到存入的贴图资源，选中贴图并在 Inspector 面板中将每个贴图的 Wrap Mode 从 Repeat 修改为 Clamp，也就是将贴图的平铺方式由重复改为单一适应，这样可以处理好贴图边缘的衔接过渡问题，如图 4-25 左所示。

在 Unity 菜单栏中选择 Assets->Create->Material 创建一个新材质球，将 Inspector 面板最上面的 Shader 下拉菜单设置为 RenderFX/Skybox，分别将 6 张天空贴图指定给材质球对应的位置，也可以直接从 Project 面板中把贴图拖曳到相应的位置，如图 4-25 右所示。

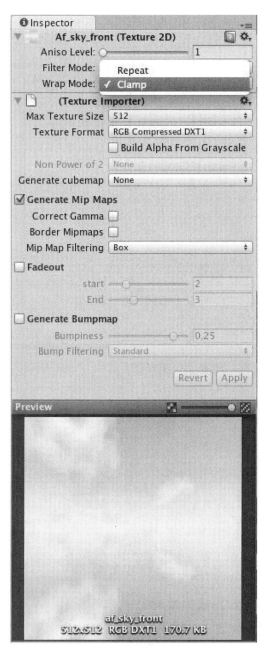
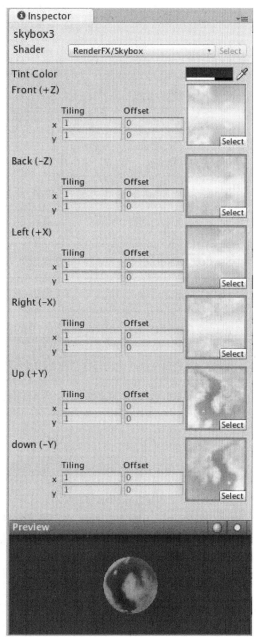

图 4-25　Unity 天空盒子的制作与设置

　　然后我们就可以将制作完成的天空盒指定给游戏场景，选择 Edit 菜单中的 Render Settings 选项，在打开的 Inspector 面板中把新的天空盒子直接拖到 Skybox Material 选项中，如图 4-26 所示。另外在 Render Settings 面板选项中还有一些参数设置，是用来定义同一场景基本视觉共性的参数，也是 Unity 场景制作中常用的重要参数设置，下面通过表格来讲解每个参数命令的含义。

Render Settings	
Fog	场景雾效的启动开关
Fog Color	雾的颜色
Fog Mode	雾的模式，线性，指数（EXP）或指数的平方（EXP2），控制雾的距离的淡化方式
Fog Density	雾的密度，仅用于Exp和Exp2的雾方式
Linear Fog Start/End	线性雾开始/结束，仅用于线性雾模式
Ambient Light	场景环境光的颜色
Skybox Material	用于设置场景的天空盒子
Halo Strength	用来设置场景范围内所有光源的光晕大小
Flare Strength	场景中的所有耀斑的强度
Halo Texture	给会出现光晕的光源添加一张贴图
Spot Cookie	给会出现耀斑的光源添加一张贴图

图 4-26   Render Settings 面板设置

除了自己制作外，Unity 也为我们提供了预置的天空盒子资源，我们可以单击 Render Settings 属性面板中 Skybox Material 选项后面的圆圈按钮，在弹出的材质管理器中直接选择预置资源，如图 4-27 所示。

然后我们可以通过创建摄像机或利用预置资源中的第一人称角色控制器在 Unity 游戏视图中来观看添加的天空盒子效果，如图 4-28 所示。

102

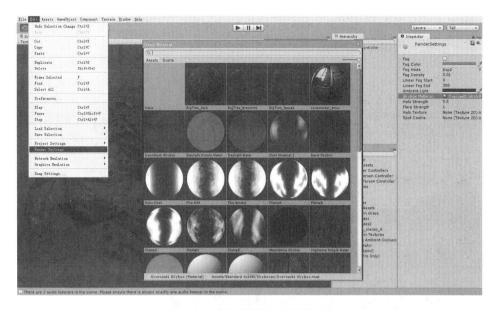

图 4-27　添加预置天空盒子资源

图 4-28　查看天空盒子的效果

4.6　为场景添加光影照明

利用 Unity3D 引擎编辑器制作场景时，在基本地形创建之后，我们就可以为场景添加光源了，这一方面增强了场景的视觉效果，同时也更加便于场景地形的绘制和制作。对于地形场景来说，在没有特定人工光源的情况下，通常我们只需要为场景添加一盏方向光，用来充当场景的日光效果，我们可以从 GameObject 菜单下的 Create Other 来创建 Directional Light，如图 4-29 所示。

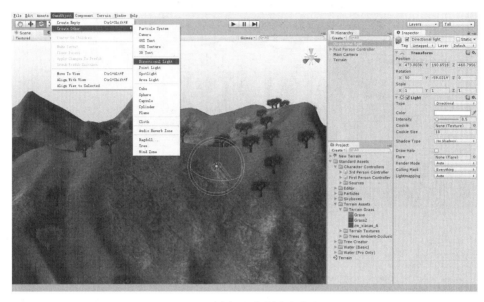

图 4-29　在场景中创建方向光

选中创建的方向光源，利用旋转操作可以控制光线的照射角度，方向光图标的位置和高度对光线没有任何影响。在 Inspector 面板中可以对光源参数进行设置，包括光线颜色、强度、阴影、光晕、渲染模式等，具体的参数含义在前面的章节中已经介绍过，这里就不再过多讲解了。在这个场景中我们将光源阴影设置为 Hard Shadows 硬边阴影模式，将阴阳强度设置为 0.6，让阴影有一定的透明度，其他均保持默认设置，效果如图 4-30 所示。

图 4-30　Hard Shadows 硬边阴影效果

Unity3D模型的导入与编辑

　　游戏引擎编辑器可以看作是用来搭建游戏世界的一个平台，在这个平台下可以完成对游戏美术元素的编辑、汇总和整合，但对于游戏模型、贴图、动画等美术元素的基础和细节制作却无能为力，我们必须依靠三维制作软件，将制作的美术元素借助于专门的通道与游戏引擎进行沟通，这个通道的具体含义就是指三维软件的导出与游戏引擎的导入过程，这就好比在三维软件与游戏引擎之间架设的一座桥梁，任何完整、成熟的游戏引擎都必须要具备这座桥梁，而其中对于三维软件的兼容度和游戏美术元素的完整保持度更是衡量游戏引擎优秀与否的重要标志。本章主要为大家讲解 3ds Max 模型导出与 Unity 引擎模型导入的具体流程和操作方法。

5.1　3ds Max模型的导出

5.1.1　3ds Max模型制作要求

　　对于要应用于 Unity 引擎的三维模型来说，当模型在 3ds Max 软件中制作完成时，它所包含的基本内容，包括模型尺寸、单位、模型命名、节点编辑、模型贴图、贴图坐标、贴图尺寸、贴图格式、材质球等必须是符合制作规范的，一个归类清晰、面数节省、制作规范的模型文件对于游戏引擎的程序控制管理是十分必要的，这不仅是对于 Unity 引擎和 3ds Max 来说，对于其他游戏引擎和三维制作软件同样如此。Unity 引擎中使用的三维模型我们要了解并按照以下规范在 3damx 中来进行制作。

　　（1）对于模型面数的控制。

　　在 3ds Max 软件中制作单一 GameObject 的面数不能超过 65000 个三角形面，即 32500 个多边形 Polygon，如果超过这个数量，模型物体不会在引擎编辑器中显示出来，这就要求我们在模型制作的时候必须时刻把握模型面数的控制。在 3ds Max 软件中，我们可以通过 File 菜单下的 Summary Info 工具或者工具面板中的 Polygon Counter 工具来查看模型物体的多边形面数。

　　（2）对于模型 Pivot 的设置。

　　在 3ds Max 中制作完成的游戏模型，我们一定要对其 Pivot（轴心）进行重新设置，可以通过 3ds Max 的 Hierarchy 面板下的 Adjust Pivot 选项进行设置。对于场景模型来说，尽量将轴心设置于模型基底平面的中心，同时一定要将模型的重心与视图坐标系的原点对齐，如图 5-1 所示。

图 5-1　在 3ds Max 中设置模型的轴心

（3）对于模型的单位设置。

通常以"米（Meters）"为单位，我们可以在 3ds Max 的 Customize 自定义菜单下，通过 Units Setup 命令选项来进行设置，在弹出的面板的显示单位缩放中选择 Metric-Meters，并在 System Unit Setup 中设置系统单位缩放比例 1Unit=1Meters，如图 5-2 所示。

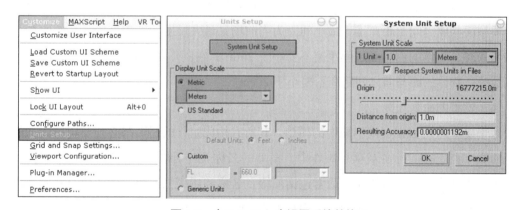

图 5-2　在 3ds Max 中设置系统单位

（4）对于 3ds Max 建模的要求。

建模时最好采用 Editable Poly（编辑多边形）进行建模，这种建模方式在最后烘焙时不会出现三角面现象，如果采用 Editable Mesh 在最终烘焙时可能会出现三角面的情况。要注意删除场景中多余的多边形面，在建模时，玩家角色视角以外的模型面可以删除，主要是为了提高贴图的利用率，降低整个场景的面数，提高交互场景的运行速度，例如模型底面、贴着墙壁物体的背面等，如图 5-3 所示。

同一游戏对象下的不同模型结构，在制作完成导出前，要将所有模型部分塌陷并 Attach 为一个整体模型，然后再对模型进行命名、设置轴心、整理材质球等操作。

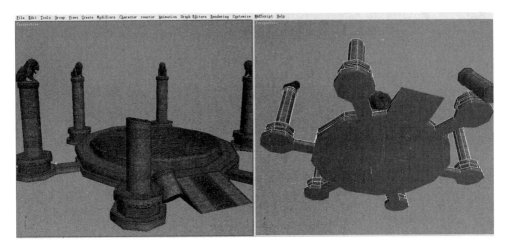

图 5-3   删除看不见的模型面

（5）对于模型面之间的距离控制。

默认情况下，Unity 引擎是不承认双面材质的，除非使用植物材质球 Nature 类型，所以在制作窗户、护栏等利用 Alpha 贴图制作的模型物体时，如果想在两面都能看到模型，那需要制作出厚度，或者复制两个面翻转其中一个的 Normal 法线，但是两个模型面不能完全重合，否则导入引擎后会出现闪烁现象，这就涉及模型面之间的距离问题了。通常来说，模型面与面之间的距离推荐最小间距为当前场景最大尺度的二千分之一，例如在制作室内场景时，物体的面与面之间距离不要小于 2mm；在制作场景长（或宽）为 1km 的室外场景时，物体的面与面之间距离不要小于 20cm。

（6）模型的命名规则。

对于要应用到 Unity3D 引擎中的模型，其所有构成组件的命名都必须要用英文，不能出现中文字符。在实际游戏项目制作中，模型的名称要与对应的材质球和贴图命名统一，以便于查找和管理。模型的命名通常包括前缀、名称和后缀三部分，例如建筑模型可以命名为 JZ_Starfloor_01，不同模型之间不能出现重名。

（7）材质贴图格式和尺寸的要求。

Unity 引擎并不支持 3ds Max 所有的材质球类型，一般来说只支持标准材质（Standard）和多重子物体材质（Multi/Sub-Object），而多重子物体材质球中也只能包含标准材质球，多重子物体材质中包含的材质球数量不能超过 10，对于材质球的设置我们通常只需应用到通道系统，而其他诸如高光反光度、透明度等设置在导入 Unity 引擎后是不被支持的。

Unity3D 支持的图形文件格式有 PSD、TIFF、JPG、TGA、PNG、GIF、BMP、IFF、

PICT，同时也支持游戏专用的 DDS 贴图格式。模型贴图文件的尺寸必须是 2 的 N 次方（8、16、32、64、128、256、512），最大贴图尺寸不能超过 1024×1024。

（8）材质贴图的命名规则。

与模型命名一样，材质和贴图的命名同样不能出现中文字符，模型、材质与贴图的名称要统一，不同贴图不能出现重名现象，贴图的命名同样包含前缀、名称和后缀，例如 jz_Stone01_D。在实际游戏项目制作中，不同的后缀名代指不同的贴图类型，通常来说 _D 表示 Diffuse 贴图，_B 表示凹凸贴图，_N 表示法线贴图，_S 代表高光贴图，_AL 表示带有 Alpha 通道的贴图。

（9）动画模型的制作要求。

对于角色模型要使用尽量少的骨骼数量，能减少的骨骼尽量减少，骨骼越多性能越差，最好不超过 30 个骨骼。将 IK 和 FK 分开。当 Unity 导入模型动作时，IK 节点会被烘焙成 FK，因为 Unity 根本不需要 IK 节点。可以在 Uniy 中将 IK 节点对应生成的 GameObject 删除，或者直接在 3ds Max 中将 IK 节点删除后再导入，这样 Unity 在绘制每帧时就不需要再考虑 IK 节点的动作了，由此提高了整体性能。

（10）关于模型物体的复制。

对于场景中应用的模型物体，可以复制的尽量复制，如果一个 1000 个面的模型物体，烘焙之后复制 100 个，那么它所消耗的资源，基本上和一个物体所消耗的资源一样多，这也是节省资源提高效能的有效方法。

5.1.2 模型比例设置

在默认情况下，Unity3D 系统的一个单位（1unit）等于 1 米，而在 3ds Max 中默认的单位是 inch（英寸），这就导致我们在模型的导出与导入时经常会遇到模型比例错误的问题。这个问题有两种解决方法，一种是在 Unity 中调整模型的 Scale Factor（比例因子），另一种是在 3ds Max 导出的时候按照 Unity 的单位进行导出，下面分别对这两种方法进行讲解。

（1）在 Unity 中进行调整。

模型由 3ds Max 按照 inch 的系统单位导出成 FBX 格式的文件，导出的模型一个单位代表一个 inch，Unity 每个单位代表 1 米，而 Unity 导入 FBX 模型是以厘米为最小单位的，因此需要对模型进行一定比例的放大操作，放大比例应该设为多少呢？下面通过一个实验来进行说明。

在 3ds Max 中创建一个 1×1 的 Plane 平面模型，参数设置如图 5-4 所示。在导出 FBX 文件时注意把单位设置成厘米（cm），如图 5-5 所示。

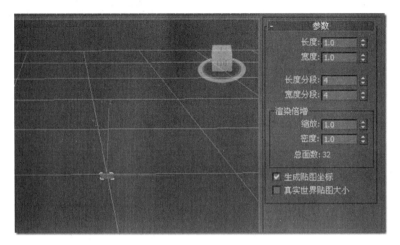

图 5-4　创建 Plane 平面

图 5-5　将导出单位设置为厘米

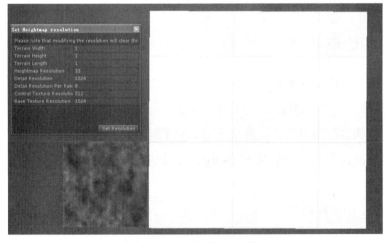

图 5-6　在 Unity 编辑器中对比查看

　　将 FBX 文件导入 Unity 后，把 Insepector 面板里的 Scale Factor 设为 1，即放大 100 倍。图 5-6 左侧为 1×1 的 Terrain 地形（一平方米），右侧为放大 100 倍后的 plane 模型，可以看到 Plane 模型的边长大约为 Terrain 的 2.5 倍，也就是 2.5 米左右。可以来计算一下 3ds Max 中一个 1inch×1inch 的 Plane 模型，其实也就是 2.54cm×2.54cm，导入 Unity 后放大 100 倍，变成 2.54 米 ×2.54 米（2.54 个单位）的 Plane 模型。

　　由以上实验我们得出结论，如果模型以厘米为单位从 3ds Max 中导出，则导入 Unity 引擎后放大 100 倍可以得到想要的结果。如果模型以 inch 为单位（默认情况下）导出，则导入 Unity 后需放大 254 倍（1inch×2.54 换算为 2.54cm，然后再乘以 100 倍得到结果）。

　　其实在 Unity 中模型放大有两种方法：一种是修改 FBXImporter 中的 Scale Factor 比例因子数值，将 Scale Factor 的数值恢复为 1，但这样做会占用较多模型资源，比较消耗物理缓存；另一种方法是从 Hierarchy 中选中待修改的模型，使用 Scale 同时放大 X、Y、Z 各 100 倍，这种方法耗费的资源较少，同时还能通过使用脚本来进行操作，十分方便。

　　（2）在 3ds Max 中进行调整。

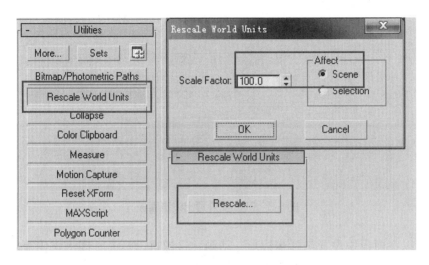

图 5-7　利用 Rescale World Units 工具进行缩放比例设置

　　在 3ds Max 中进行比例调整的方法除了利用缩放工具外，还有一个更为方便的方法，即利用工具面板中的 Rescale World Units（重缩放世界单位）工具，我们可以直接将 Scale Factor 缩放因子设置为 100，在 Affect 中选择 Scene 模式，这样在场景中最后完成的模型都会被整体放大 100 倍，然后选择厘米为单位直接导出 FBX 文件，如图 5-7 所示。

5.1.3　FBX文件的导出

　　FBX 是 Autodesk MotionBuilder 固有的文件格式，该系统用于创建、编辑和混合运动捕捉和关键帧动画，它也是用于与 Autodesk Revit Architecture 共享数据的文件格式。虽然 Unity3D 引擎支持 3ds Max 导出的众多 3D 格式文件，但在兼容性和对象完整保持度上 FBX 格式要优于其他的文件格式，成为 3ds Max 输出 Unity 引擎的最佳文件格式，也被 Unity 官方推荐为指定的文件导入格式。

　　当模型或动画特效在 3ds Max 中制作完成后，可以通过 File 文件菜单下的 Export 选项进行模型导出，我们可以对制作的整个场景进行导出，也可以按照当前选中物体进行导出，接下来在路径保存面板中选择 FBX 文件格式，会弹出 FBX Export 设置面板，我们可以在面板中对需要导出的内容进行选择性设置，如图 5-8 所示。

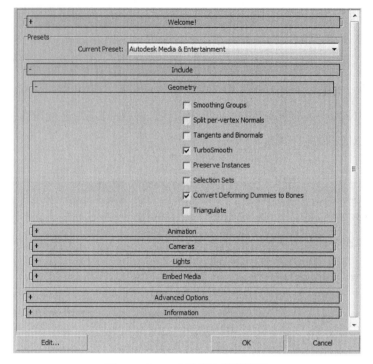

图 5-8　FBX 文件导出设置面板

我们可以在面板中设置包括多边形、动画、摄像机、灯光、嵌入媒体等内容的输出与保存，在 Advanced Options 高级选项中可以对导出的单位、坐标、UI 等参数进行设置。设置完成后单击 OK 按钮就完成了对 FBX 格式文件的导出。

5.1.4　场景模型的制作流程和检验标准

在一线游戏研发公司的项目场景制作中，场景美术模型师的工作并不是独立进行的，由于场景模型最终要应用到游戏引擎编辑器中，所以在模型的制作过程中模型师要与引擎编辑器制作人员相互协调配合，而整体制作流程通常也是一个循环往复的过程，图 5-9 为游戏项目模型制作的流程工序图。

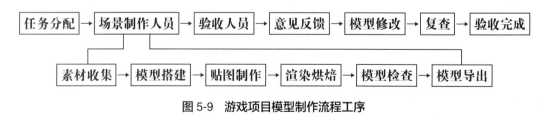

图 5-9　游戏项目模型制作流程工序

三维场景模型师在接到分配的工作任务后开始收集素材，然后结合场景原画设定图开始模型的搭建制作，模型完成后开始贴图的制作，在有些项目中还需要将模型进行渲染烘焙，最后将模型按照检验标准进行整体检查后再完成导出。导出的模型素材会提交给引擎编辑器制作人员进行验收，他们会根据地形场景使用的要求提出意见，然后反馈给模型制作人员进行修改，复查后再提交给引擎编辑器制作人员完成模型的验收，经过反复修改的场景模型最终才会被应用到游戏引擎场景地形中，这就是三维场景模型的制作流程。表5-1所示为场景模型制作人员在模型导出前对于模型的检验过程和标准。

表5-1

模型检验表		
1	模型部分	场景单位设置是否正确
2		模型比例是否正确
3		模型命名是否规范
4		模型轴心是否设置正确，坐标系是否归零
5		场景内是否有空物体存在
6	模型部分	带通道的模型是否独立出来
7		模型结构是否完整
8		模型是否塌陷并接合为一个整体
9		模型是否存在多余废面
10		模型面数是否复合要求
11	材质贴图	材质贴图类型是否规范
12		贴图命名是否规范
13		贴图格式是否为DDS
14		贴图尺寸是否规范
15		模型贴图坐标是否正确
16		纹理比例是否合理
17		材质贴图有无重名
18		是否有双面材质

续　表

模型检验表		
19	整体效果	光影关系是否统一
20		色彩搭配是否协调
21		场景道具的摆放是否合理
22		整体关系是否一致
23	模型导出	模型导出前是否转换为Edit Poly模式
24		是否按指定的格式进行导出
25		导出后是否进行优化处理
26	文件管理	项目文件夹是否按规范建立
27		模型制作过程中是否按规范进行备份

5.2 Unity3D模型的导入

　　Unity3D 模型的导入步骤非常简单，只需要把导出的 FBX 文件拖曳进 Unity 引擎编辑器的项目面板，这样就能在引擎编辑器中调用导入的资源了。但如果是规模较大的游戏项目制作，所有的美术资源都用这种方法进行导入，到后期各种资源必定会杂乱无序，难以管理，所以进行合理的资源文件管理是 Unity 导入过程中必不可少的关键步骤。

　　对于 Unity 引擎中新建的游戏项目，在它的项目文件夹中通常会包含几个默认的文件夹，例如 Assets、Library 和 ProjectSettings，Assets 文件夹用来存放各种游戏资源，Library 和 ProjectSettings 则用来存放游戏项目中的各种数据和设置。在初始状态下 Assets 文件夹下会存在一个名为 Standard Assets 的文件夹，这是新建游戏项目时我们导入的各种预置资源，对于我们需要导入的各种模型美术资源也必须要存放在 Assets 文件夹下，通常在实际项目制作中我们会在 Assets 文件夹下创建一个名为 Object 的文件夹，用来存放模型资源，所有导出的 FBX 文件就被放置于此。在 Object 文件夹下还要包含两个文件夹，分别为 Materials 和 Texture，Materials 文件夹是模型材质球存放的位置，Texture 文件夹则是模型贴图存放的位置，每一个模型的名称要与其 FBX 文件、材质球文件以及贴图的名称相对应，这样更加便于资源的管理，如图 5-10 所示。在 Assets 文件夹下我们还可以创建诸如存放脚本的 Script 文件夹、存放音频文件的 Sound 文件夹等一系列资源文件夹，另外我们制作的 Unity 场景文件通常也要存放在 Assets 文件夹下。

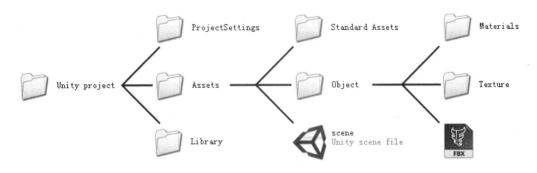

图 5-10　Unity 模型资源文件管理示意图

　　按照合理文件管理的方式进行资源导入后，重新启动 Unity 引擎编辑器，我们就能在项目面板中看到我们建立的资源文件夹和导入的资源文件了，如图 5-11 所示，之后就可以在项目制作中将导入的资源随时调用到场景当中。

图 5-11　Unity 引擎编辑器项目面板中的资源文件

　　项目文件管理并没有固定和统一的格式，要根据项目的类型和用户的使用习惯来定，无论具体如何去做，其宗旨都是要使项目资源分类清晰，资源文件定位明确，便于项目管理和资源调用。

5.3　Unity引擎编辑器模型的设置

　　当 FBX 模型文件导入到 Unity 引擎后，我们可以在编辑器 Project 项目面板中单击选择模型文件对其进行查看或设置。在 Inspector 面板中可以对模型的网格（Meshes）、法线（Nromals）、动画（Animations）和贴图材质（Materials）进行相关设置，在下方的Preview 窗口中可以对模型预览查看，如图 5-12 所示，下面对常用参数设置进行简单介绍。

在 Meshes 选项面板中，可以对模型的比例因子（Scale Factor）进行设置，Mesh Compression 和 Optimize Mesh 可以对模型进行压缩和优化处理，Generate Colliders 勾选后可以让模型整体生成网格碰撞器。下方的 Nromals&Tangents 以及 Materials 选项面板通常保持默认。如果模型自身带有动画，Animations 面板可以设置动画导入的模式。

Inspector 面板下方为模型导入后自身所带有的材质球，如果出现贴图丢失的现象，我们可以为模型材质球重新指定贴图路径，材质球可以对自身的 Shader 进行选择和设置，下面的 Main Color 可以用黑白颜色来控制模型自身整体的敏感度，Specular Color 可以控制高光颜色，Shininess 用来控制模型反光的强度，Height 用来控制法线或凹凸贴图的纹理深度，下面可以对每张贴图进行平铺（Tilling）和位移（Offset）的设置。游戏模型导入和设置的具体操作会在后面的实例章节中详细讲解。

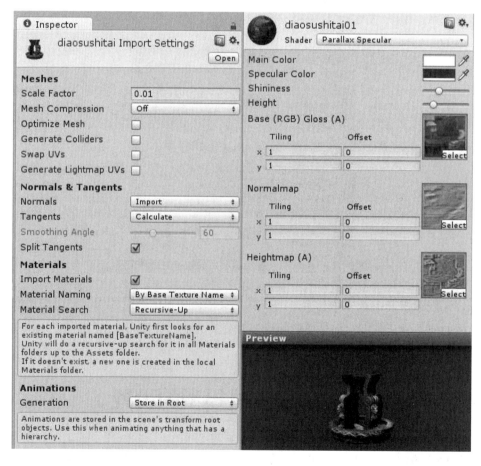

图 5-12　Inspector 面板中模型的参数设置

Unity3D水系的制作

SIX

水系是游戏场景制作中的一个重要内容，也是场景自然元素的重要构成部分，游戏场景中的水系是指游戏中所有水体的集合，我们可以从水体形式和应用环境两个方面来进行分类。从水体形式来区分，大致可分为静态水系和动态水系，从应用环境来区分，又可分为自然水系和人工水系。

静态水系是指没有定向流动的平面水体，在游戏场景中大到江、河、湖、海等水体平面，小到池塘、水井、水缸中的水平面都属于静态水系的范畴。在早期的三维游戏制作中静态水系都是由三维软件来制作，随着游戏引擎技术的发展，现在游戏场景中的静态水系都是直接由引擎来完成的，效果如图6-1所示。

图6-1　游戏引擎制作的水面效果

动态水系是指游戏中运动的水体，包括湍流、瀑布、喷泉等（见图6-2），在游戏制作中动态水系往往包含自身的动画，一般都是在三维软件中利用模型来制作，同时需要结合粒子特效共同完成整体效果，在如今很多游戏的制作中也会出现完全利用引擎粒子特效来实现动态水系效果的情况。

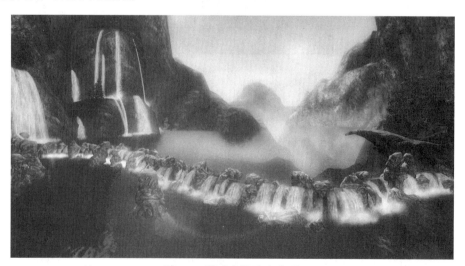

图6-2　游戏中的动态水系

　　自然水系是指游戏自然场景环境下的水系，通常就是游戏野外场景中的水系，如江河湖海、天然瀑布等。人工水系是相对自然水系而言的，指存在于人文环境中的水系，如园林瀑布、景观喷泉、人工池塘等（见图6-3），多应用于建筑场景当中。

图6-3　游戏中的喷泉效果

　　在Unity的预置资源包里已经为我们提供了功能和效果非常强大的水系资源，包括菲涅耳水面、粒子瀑布、粒子喷泉及粒子水波纹等，本章就带领大家了解和学习Unity引擎中常用水系的设置和制作方法。

6.1 Unity引擎水面的制作

　　早期的三维游戏场景制作缺乏像现在这样强大的游戏引擎支持，水面都是在三维软件中利用模型和贴图制作出的效果，在制作中通常会用到两层Plane面片模型，下面一层添加水体基本色调的贴图，上面再加上一层半透明的水波纹Alpha贴图，这样就形成了水面的基本效果，分别调节上下两层模型贴图的UV动画，这样就制作出了流动的水面效果，如图6-4所示。

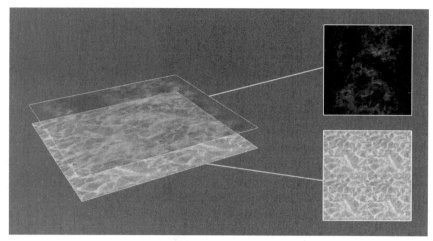

图 6-4　利用三维软件制作水面的方法

　　虽然通过贴图的方式能够模拟出水面的基本效果，但这是远远不够的，因为现实生活中的水面除了水纹和透明的效果外，还应当具有凹凸起伏、反射、折射等自然物理特征。所以在游戏引擎技术出现以后，这种简单利用 Plane 制作的水面很快就被淘汰，取而代之的是利用引擎和程序计算生成的物理学拟真水面，也被称为"菲涅耳"水面，这种水面不仅具有高度真实的反射和折射效果，而且在凹凸感、流动性以及与其他物体接触的特性上都有质的提升，这就是现在三维游戏场景平面水体效果制作的主流手段，如图 6-5 所示。

图 6-5　极具物理真实度的菲涅耳水面

　　Unity 引擎可以利用脚本制作出效果优秀的菲涅耳水面，在 Unity 预置资源中已经为我们提供了 Water（Basic）和 Water（Pro）的资源包，可以在新建项目的时候进行导入，或利用引擎编辑器 Assets 菜单下的 Import Package 选项来导入，如图 6-6 所示。下面来看一下如何调用预置的菲涅耳水面。

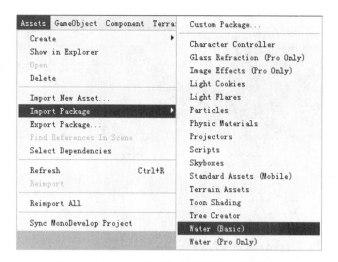

图 6-6 在 Unity 引擎编辑器中导入预置资源

首先在引擎编辑器中创建一块地形区域，利用拉升 / 凹陷地形绘制工具在地形上制作出凹陷的水塘效果，如图 6-7 所示。

图 6-7 制作凹陷地形

接下来在 Project 项目面板顶端的资源搜索框中搜索 water，搜索结果列表会显示当前项目中存在的所有水系资源，其中菲涅耳水面资源有四种，分别为 Daylight Simple Water、Daylight Water、Nighttime Simple Water 和 Nighttime Water。其中 Daylight 为白天使用的水面效果，Nighttime 为夜间水面效果，Simple Water 为没有物理拟真效果的简单水面效果，其他两种可以进行真实的物理设置，这里我们选择 Daylight Water，如图 6-8 所示。

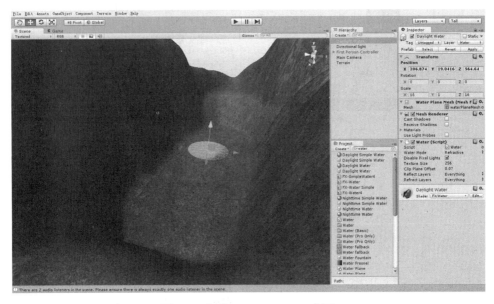

图 6-8　创建 Daylight Water 水面

默认创建出的水面面积很小，可以在 Inspector->Transform 面板下对齐 Scale 缩放参数进行设置，我们将 X 和 Z 的缩放参数由原来的 16 设置为 120，同时将水面移动放置在合适的位置，水面要覆盖住整个水塘，水面与地形穿插处不能出现漏缝，如图 6-9 所示。

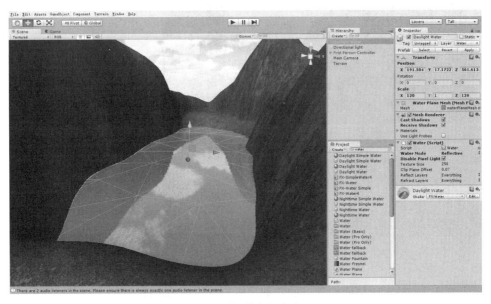

图 6-9　调整水面大小

接下来我们对水面参数进行进一步设置，Inspector 面板下的 Mesh Renderer 窗口可以设置水面是否投射阴影（Cash Shadow）和接受阴影投射（Receive Shadow）。在 Water（Script）选项窗口中可以对水面的特性进行设置，如图 6-10 所示。

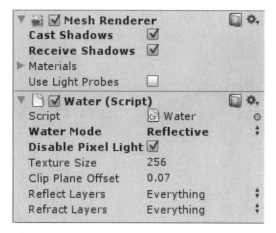

图 6-10　水面特性参数设置面板

Water Mode 可以选择水面的类型：Simple 为没有物理拟真效果的简单水面效果；Reflective 为反射水面类型，侧重于水面的反射效果；Refractive 为折射水面类型，侧重于水面折射效果。Texture Size 用来设置纹理尺寸，其最终效果会影响水面的反射或折射细节，尺寸设置越大水面反射或折射效果越精细，锯齿感越弱，如图 6-11 所示，我们可以看到左图对比右图有明显的锯齿感。Clip Plane Offset 用来设置反射或折射影像的偏移效果。下面的 Layers 可以对 Unity 中不同的层级对象设置反射或折射效果，通常选择默认Everything。

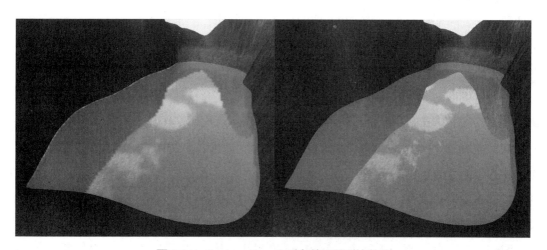

图 6-11　Texture Size 不同参数设置对比效果

这里我们将 Water Mode 设置为 Reflective 反射模式，单击工具栏的播放按钮，利用游戏视图近距离观察水面效果，如图 6-12 所示，Unity 引擎的菲涅耳水面无论在物理特性、凹凸质感还是流动性方面效果都非常出众。

图 6-12　制作完成的水面效果

6.2　瀑布效果的制作

　　瀑布是三维游戏场景中常见的水体形式，也是应用最为广泛的动态水系之一，多应用于野外自然环境以及建筑园林、广场等场景中。在 Unity 引擎编辑器中实现瀑布效果主要有两种方法，一是利用面片模型和贴图 UV 动画来制作，二是利用 Unity 引擎的粒子系统制作高度逼真的动态瀑布效果，下面我们分别介绍这两种制作瀑布的方法。

　　在讲解第一种瀑布制作方法前，我们首先来了解什么是 UV 动画？贴图 UV 动画是指贴图针对于模型贴图坐标进行的位移动画，简单来说就是模型贴图在 UV 网格上的移动动画，实现贴图 UV 动画的方法很简单，首先打开 3ds Max 材质编辑器，选择模型相对应的材质球，在 Map 通道面板中选择相应的通道贴图，通常我们选择 Diffuse 通道下的模型贴图，在弹出的位图菜单下第一栏"Coordinates（协调）"面板中我们会看到 Offset（贴图位移）的参数设置，其中 U 和 V 后面的数值分别为贴图坐标 U、V 方向的位移距离，利用关键帧记录其参数动画即可实现贴图的 UV 动画效果，如图 6-13 所示。

　　我们在 3ds Max 视图中创建一个 Plane 模型并为其添加一张黑白方格的贴图，然后我们通过设置Offset中的不同参数来观察贴图的位移效果，我们分别在 U 参数中输入 0、0.1、0.3、0.5，图 6-14 是贴图在不同参数下的位移效果，可以看到随着参数的变大，贴图中黑色的方格区域产生了从左向右的位移动画，这就是贴图 UV 动画的基本原理。

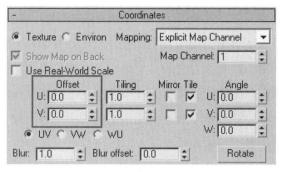

图 6-13　UV 动画的参数设置

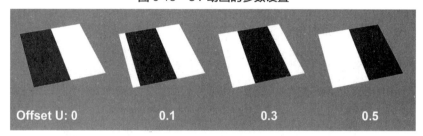

图 6-14　UV 动画的原理

　　为了表现瀑布动态水系的效果和特点，最好的制作方法是利用粒子特效来制作，这样能够在最大程度上表现出液体的质感和流动性，但如果要将粒子形态的瀑布大面积应用于游戏场景中，会对游戏引擎和硬件造成巨大的压力，所以从节省资源和效果表现两方面来考量，在游戏场景中绝大多数的瀑布效果都是通过模型来制作的，同时利用贴图 UV 动画来实现其动态效果。

　　利用 3ds Max 制作瀑布效果的原理非常简单，首先在 3ds Max 中创建细长的 Plane 面片模型，通过编辑多边形将其制作成需要的水流形状，然后为其添加一张瀑布水体的贴图，最后通过设置贴图 Offset 参数的关键帧动画就可以制作出瀑布流动的效果，如图 6-15所示，图右下角为贴图的 Alpha 通道。

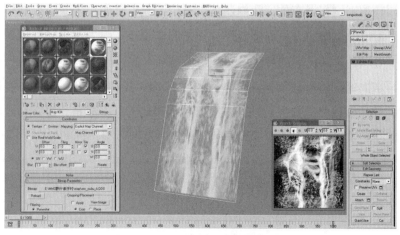

图 6-15　利用模型制作的瀑布面片

利用模型制作瀑布效果，模型贴图的绘制是制作的关键，图 6-16 中是两张瀑布的贴图，水体贴图都是带有 Alpha 通道的不透明贴图，左侧的瀑布贴图绘制刻画比较清晰，水纹效果比较明显，适合用于以细流为主的小型瀑布，右侧的瀑布贴图动态感比较强，适合用于水流湍急的大型瀑布，无论什么类型的瀑布贴图在绘制和制作的时候，都要注意水流断开和连接节奏的自然感，同时要注意 Alpha 通道的镂空处理。瀑布贴图的整体颜色通常以白色、淡蓝或淡绿色为主，一般在贴图基本制作完成后，在最终保存输出前要降低整体的透明度，这样更能体现水体的质感和自然效果。

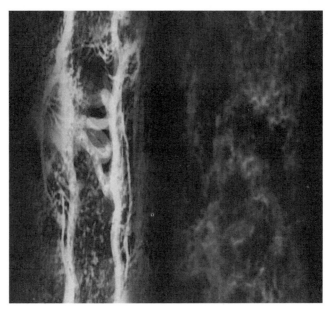

图 6-16　两种类型的瀑布 Alpha 贴图

最后我们将制作完成的模型连带动画一起导出为 FBX 文件，再导入到 Unity 引擎编辑器中，在 Inspector 面板中设置模型动画循环播放，图 6-17 为引擎编辑器中的游戏效果。

除了利用模型来制作瀑布外，我们还可以利用游戏引擎的粒子系统来制作更加逼真的瀑布效果。在 Unity 引擎中并不需要新建粒子来制作瀑布，因为在预置资源中 Unity 已经为我们提供了可以自定义设置的粒子瀑布，与菲涅耳水面一样都包含在 Water 资源包中。

与菲涅耳水面的创建方法相同，首先需要在 Unity 引擎编辑的 Project 项目面板中搜索 WaterFall，然后直接将其拖曳到场景视图，利用移动工具将瀑布放置在场景中的合适位置，我们可以在场景视图中直接观看瀑布的默认粒子动画效果，如图 6-18 所示。

图 6-17　模型瀑布在引擎编辑器中的效果

图 6-18　创建的 WaterFall 粒子瀑布效果

　　粒子瀑布是 Unity 粒子系统的表现形式，我们无法利用缩放工具来调节瀑布的长宽、大小比例，所有的参数都必须通过 Inspector 面板下的粒子控制选项来进行设置，对于具体的粒子参数设置会在后面的章节中详细讲解，这里只对控制瀑布的几个重要参数进行介绍，图 6-19 为粒子瀑布的 Inspector 面板选项。

　　在 Ellipsoid Particle Emitter 面板下 Min Size 和 Max Size 用来设置每个粒子的最小和最大尺寸，也就是瀑布 Alpha 面片的大小尺寸；Min Energy 和 Max Energy 可以设置瀑布的水流长度；Min Emission 和 Max Emission 用来设置粒子的产生数量，也就是瀑布的水流密度；Ellipsoid 选项中的 X 参数可以控制瀑布的宽度；在 Particle Renderer 面板下可以设置粒子瀑布是否投射阴影（Cash Shadow）和接受阴影投射（Receive Shadow）；Particle Renderer 面板下方是瀑布的 Alpha 面片贴图，我们可以将贴图进行替换、更改 Shader 模式以及设置贴图的平铺和位移参数。

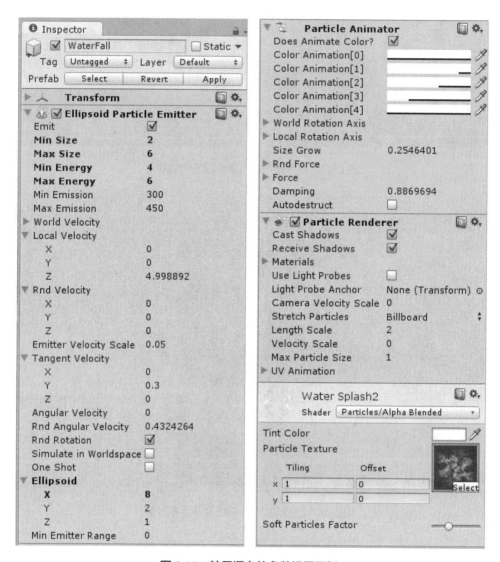

图 6-19　粒子瀑布的参数设置面板

除了 WaterFall 以外在 Water 预置资源包中还有一个与瀑布相关的预置组件——Water Surface Splash，这是一个用来模拟水波或飞溅水花的水体组件，它同样是利用 Unity 粒子系统来制作的，在实际项目制作中粒子瀑布通常要和 Water Surface Splash 配合使用，将其放置在粒子瀑布下方与水面相接的位置处，让瀑布整体效果更具真实感和视觉感，如图 6-20 所示。

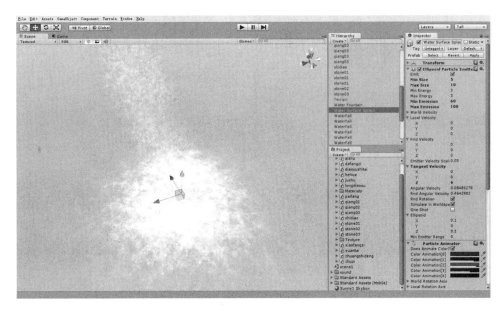

图 6-20   Water Surface Splash 效果

6.3 喷泉效果的制作

Unity 预置的 Water 资源包中一共包含四种水体类型：菲尼尔水面、WaterFall 粒子瀑布、Water Surface Splash 和 Water Fountain 粒子喷泉，前面三种已经介绍过了，下面我们来了解一下 Water Fountain 粒子喷泉的具体应用。

与其他三种水体资源的创建方法相同，我们可以在 Unity 引擎编辑器的项目面板中搜索到 Water Fountain 粒子喷泉预置组件，将其拖曳到场景视图中就完成了创建。Water Fountain 与其他两种预置粒子水体原理相同，都属于椭球粒子发射器（Ellipsoid Particle Emitte）创建出的粒子系统，所以在 Inspector 面板中的参数类型完全相同，只不过设置的方法不同，下面来介绍喷泉设置的主要参数。

Max/Min Size 用来设置每个粒子面片的尺寸大小；Max/Min Energy 是设置喷泉水流下坠的长度，图 6-21 左侧 Max Energy 设置为右侧三倍的对比效果；Max/Min Emission 用来设置喷泉整体的粒子数量，也就是喷泉水流密度，这个参数并不是设置的越大越好，而是要根据喷泉具体的体积并配合 Max/Min Size 参数来设置；Local Velocity 参数中的 Y 值可以设置喷泉向上喷发的力度，数值越大喷发力度越大，喷泉水流喷的越高；在 Particle Renderer 面板下可以设置粒子瀑布是否投射阴影（Cash Shadow）和接受阴影投射（Receive Shadow）；Particle Renderer 面板下方是瀑布的 Alpha 面片贴图，我们可以将贴图进行替换、更改 Shader 模式以及设置贴图的平铺和位移参数。

图 6-21　Energy 不同参数设置的对比效果

其实除了用粒子系统制作喷泉，我们也可以利用 UV 动画的方式来制作喷泉效果，可以利用圆柱体模型来模拟制作喷泉的水柱，然后为模型添加类似于瀑布的 Alpha 贴图纹理，同时制作出贴图的 UV 动画，实现水流的动态效果。这里需要注意的是，由于贴图要制作 UV 动画，必须要用二方连续贴图，这样水柱与水面的交界处往往会比较生硬，所以通常来说我们会在交界处添加溅起水花的粒子特效，不仅实现了良好的衔接过渡，而且也增加了喷泉整体的视觉效果，如图 6-22 所示。

图 6-22　利用 UV 动画制作的喷泉效果

Unity3D粒子系统详解

SEVEN

　　粒子系统属于游戏引擎中的高级应用系统，它可以帮助游戏研发人员制作和实现复杂的动画特效，游戏引擎中粒子系统的功能是否强大，往往决定了这款引擎的成熟和完整度。Unity 引擎公司在每一版引擎的研发中都不遗余力的提升粒子系统的功能和效果，从旧版的粒子系统到 3.5 版的新粒子系统，再到 4.X 版全新的 Shuriken 粒子系统，每一次重大版本的升级其粒子系统都会以全新的面貌出现在人们的面前。新版粒子系统具有全新的参数面板和操作方式，对于习惯了旧版粒子系统的用户需要一定的时间来熟悉和适应，另外，为了保留对于旧版操作方式和习惯的兼容性，Unity 并没有将旧版粒子系统移除，用户可以自由选择两种粒子系统来进行特效的制作。在本章中会对两种粒子系统的参数设置分别进行讲解，并配合实例来了解粒子特效的制作流程和方法。

7.1　Legacy Particles粒子组件

　　Legacy Particles 是旧版遗留的粒子系统，我们可以在 Component 组件菜单下的 Effects 选项下进行创建，Legacy Particles 共包括 5 个组件，分别为 Ellipsoid Particle Emitter（椭球粒子发射器）、Mesh Particle Emitter（网格粒子发射器）、Particle Animator（粒子动画）、Particle Collider（粒子碰撞器）和 Particle Renderer（粒子渲染器），如图 7-1 所示。

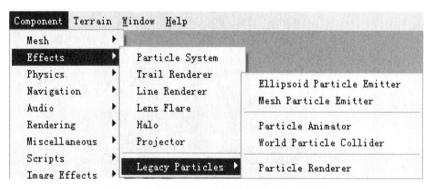

图 7-1　从组件菜单中创建旧版遗留粒子系统

　　旧版的粒子系统只能作为组件添加到游戏对象上，如果想要单独创建粒子效果，我们可以先创建一个空物体（Ctrl+Shift+N），然后将粒子组件添加到空物体上。一个完整的粒子系统必须包含三个独立的组件部分：粒子发射器、粒子动画以及粒子渲染，所以想要创建粒子效果我们必须对空物体添加 Ellipsoid Particle Emitter 或 Mesh Particle Emitter、Particle Animator 以及 Particle Renderer 这三种粒子组件，如果我们想要粒子具有碰撞物理特性，还可以为其添加 Particle Collider。下面分别来讲解各个粒子组件的面板参数设置。

　　将粒子组件添加到游戏对象上后，我们可以在 Inspector 面板中对参数进行设置，如图 7-2 所示，首先来介绍 Particle Emitter 粒子发射器参数，参数名称、中文含义以及功能解释如表 7-1 中所示。

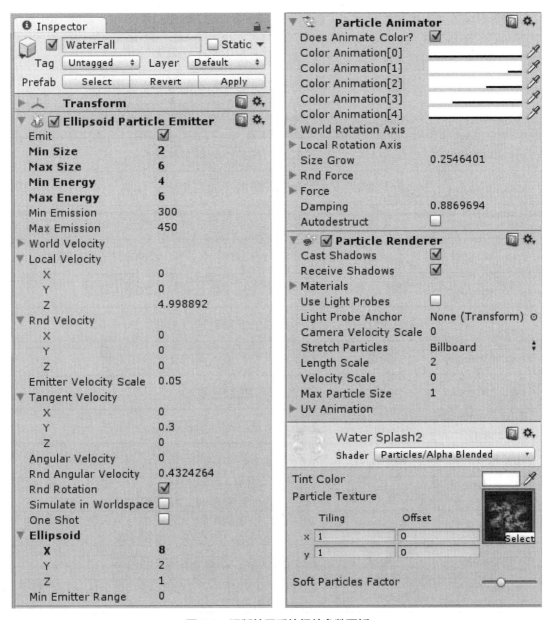

图 7-2　旧版粒子系统组件参数面板

表7-1

Ellipsoid Particle Emitter		
参数名称	中文含义	功能解释
Emit	发射	启动粒子发射器的选项
Min Size	最小尺寸	产生粒子时每个粒子的最小尺寸
Max Size	最大尺寸	产生粒子时每个粒子的最大尺寸
Min Energy	最小能量	以秒计算，每个粒子的最小生命周期
Max Energy	最大能量	以秒计算，每个粒子的最大生命周期
Min Emission	最小发射	每秒钟产生粒子的最小数量
Max Emission	最大发射	每秒钟产生粒子的最大数量
World Velocity	全局速度	沿X、Y、Z轴粒子在全局空间范围的起始速度
Local Velocity	本地速度	以物体自身方向沿X、Y、Z轴的粒子起始速度
Rnd Velocity	随机速度	粒子沿X、Y、Z轴运动速度的随机范围
Emitter Velocity Scale	发射速度缩放	粒子继承的发射器速度总和
Tangent Velocity	切线速度	粒子通过发射器表面的正切起始速度
Angular Velocity	角速度	每个粒子的旋转速度
Rnd Angular Velocity	随机角速度	粒子旋转速度的随机范围
Rnd Rotation	随机旋转	让每个粒子产生随机旋转
Simulate In World Space	在全局空间模拟	如勾选，当发射器移动时，粒子不移动。如不勾选，当移动发射器时，粒子跟随移动
One Shot	一次射击	如勾选，根据指定粒子的最小与最大数立即全部产生；如不勾选，则产生一束粒子流
Ellipsoid	椭球	粒子沿X、Y、Z轴产生的空间范围
Min Emitter Range	最小发射器范围	在球体中心确定一个空的区域，这个区域作为粒子出现的球体边界

Size、Energy 和 Emission 这几个参数可以设置粒子的基本形态，包括大小、范围和形状；World Velocity、Local Velocity、Rnd Velocity 和 Tangent Velocity 可以设置粒子的运动形态，可以制作出往不同方向或不同轨迹的粒子喷射的运动效果；如果需要每个粒子产生

旋转，可以通过 Angular Velocity、Rnd Angular Velocity 和 Rnd Rotation 这三个参数来设置。

Simulate In World Space 在全局空间模拟这个选项默认为不启用状态，因为通常我们需要让粒子跟随发射器来进行移动，但某些情况下我们需要启动这个选项，比如制作喷泉粒子效果，只有启用后移动发射器才会产生喷溅的自然运动效果，再如火焰溅射上升的火球粒子效果，作为火球的火焰应该分散并悬浮在空间当中，如果不启用空间模拟选项，那么所有的喷溅火焰都将跟随火球一同移动，这样就缺少了自然运动的物理真实感。对于这个选项的实际应用效果应当在实例中具体尝试和观察，这样便于更加直观的掌握命令效果。

对于 Emitter Velocity Scale 参数，如果将该属性设置为 1，那么粒子将在它们产生时原样继承发射器的变化。若设置为 2，这些粒子将在它们产生时两倍继承发射器的变化。若设置为 3，这些粒子将在它们产生时三倍继承发射器的变化，依此类推。

One Shot 选项默认是关闭的，这样才能让粒子形成常规状态下的粒子流效果，比如瀑布、烟雾等特效。如果启用，粒子将根据设置进行一次性的发射，在有些粒子特效的制作中我们必须启用这个选项，比如爆炸特效、施放魔法特效等。

Min Emitter Range 最小发射范围可以确定粒子产生在椭球内的深度，如果设置为 0，将允许粒子在从球体外部边缘到中心范围内的任何地方产生。若设置为 1，将限制在球体的边缘范围产生粒子，如图 7-3 所示。

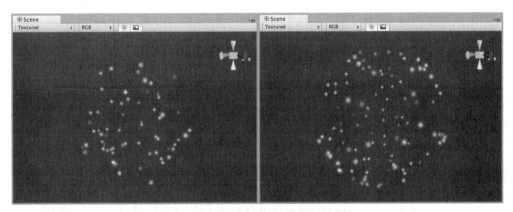

图 7-3　最小发射范围参数设置对比

除了 Ellipsoid Particle Emitter 外粒子发射器组件还包含 Mesh Particle Emitter 网格粒子发射器，两者在 Inspector 面板中的绝大多数参数及功能都基本相同，网格粒子发射器只多了四项特有的参数命令。

Interpolate Triangles(插入三角形) 命令如果激活，粒子会在网格模型物体的表面产生，如果没有激活，粒子只能在网格模型的顶点产生，如图 7-4 所示，其中右图为选项启动后的效果。Systematic（系统性），如果激活选项粒子将会按照网格物体的顶点顺序产生，此选项通常较少使用。Min/Max Normal Velocity（正常速度）为粒子从网格物体上抛出的最小或最大数量。

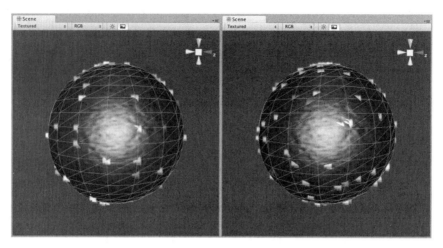

图 7-4　Interpolate Triangles **命令示意图**

表 7-2

Particle Animator		
参数名称	中文含义	功能解释
Does Animate Color	启动动画颜色	启动后每个粒子在生命周期内按颜色顺序产生色彩变化
Color Animation	颜色动画	变化的颜色选择
World Rotation Axis	全局旋转轴	让粒子按照空间坐标的X、Y、Z轴进行旋转
Local Rotation Axis	本地旋转轴	让粒子按照自身坐标的X、Y、Z轴进行旋转
Size Grow	尺寸增长	让粒子以设定的比例随机变大并增加
Rnd Force	随机强制	在生命周期内，数值越大，从小变大的程度越大
Force	强制	为粒子增加一个固定的施力方向
Damping	衰减	设定粒子在运动中被放慢的速度，默认值为1，小于1粒子运动速度会减慢
Auto destruct	自动销毁	启动后当所有粒子消失时附加在动画粒子的游戏对象物体将消失

表 7-3

World Particle Collider		
参数名称	中文含义	功能解释
Bounce Factor	弹力因子	当与其他物体碰撞时，粒子可以加速或减速。这与Particle Animator'面板中的Damping参数相似

续　表

World Particle Collider		
Collision Energy Loss	碰撞能量损失	当碰撞时粒子应失去能量（以秒计），若能量低于0的粒子就会被杀死
Collides with	相碰撞	每个层级的粒子会相互碰撞
Send Collision Message	发送碰撞消息	若启用，每个粒子向外发送一个碰撞消息，你可以通过脚本抓取
Min Kill Velocity	最小死亡速度	如果一个粒子的速度降低到设定的最小死亡速度，将因为碰撞而被淘汰

表 7-4

Particle Renderer		
参数名称	中文含义	功能解释
Cast Shadows	投射阴影	粒子是否产生阴影
Receive Shadows	接受阴影	粒子是否接受被投射的阴影
Materials	材质	粒子的外观材质
Use Light Probes	启用灯光探测器	启用灯光探测器，用来制作光影贴图
Light Probes Anchor	光照探测锚点	选择灯光探测的锚点位置
Camera Velocity Scale	摄像机速度缩放	在场景摄像机移动时调整此数值来拉伸粒子以达到在镜头中想见到的效果
Stretch Particles	伸展粒子	粒子出现在摄像机中的渲染方式
Length Scale	长度缩放	当Stretch Particles选用Stretched这个选项时，修改这个数值会决定粒子被拉伸的长度
Velocity Scale	速度缩放	当Stretch Particles选用Stretched这个选项时，修改这个数值会决定粒子的拉伸速度
Max Particle Size	最大粒子尺寸	粒子可显示的最大尺寸
UV Animation	UV动画	让粒子产生UV动画效果

Stretch Particles 伸展粒子下拉菜单中一共包括五个选项：Billboard 表示当粒子面对镜头时才呈现；Stretched 是朝粒子运动的方向去做拉伸延展；Sorted Billboard 是当用混合材质时，粒子会依照距离镜头的远近做排列；Vertical Billboard 为所有粒子沿着 X 和 Z 轴对齐飘动；Horizontal Billboard 是让所有粒子沿着 X 和 Y 轴对齐飘动。

UV Animation 粒子 UV 动画选项下包括三项设置：X Tile 是根据 X 轴每帧产生一次位移；Y Tile 是根据 Y 轴每帧产生一次位移；Cycles 用来设置多久循环一次。

7.2 Particle System粒子系统

Unity 3.5 版本更新后引入了全新的 Particle System 粒子系统，之前旧版的粒子系统变成了遗留组件，两个版本的粒子系统同时存在，虽然都可以制作各种类型的粒子特效，但新版粒子系统可以在 Hierarchy 面板中附加给任意的游戏对象，成为其子物体，而且可以无限制添加多个粒子系统，旧版粒子系统只能作为组件添加给游戏对象，且只能添加一次不能重复。我们在制作大型和复杂的粒子特效时，必须要通过多个粒子发射器相互叠加和组合，这时我们只能通过新版的粒子系统来实现，同时新版粒子系统在粒子控制上更加复杂和多样化，另外，从原则上来说 Unity 公司鼓励用户使用新版的粒子系统，旧版粒子只是为了保证兼容性而保存下来。我们可以从 Unity 菜单栏 GameObject 游戏对象菜单下的 Create Other 选项来创建 Particle System 粒子系统，如图 7-5 所示。

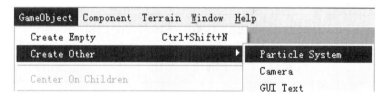

图 7-5　从游戏对象菜单下创建新版粒子系统

选中创建出来的粒子系统，我们可以在 Inspector 面板中对其进行各项参数设置，首先在面板顶端显示的是 Particle System 的初始化模块，这是新版粒子系统的最基本模块，它一直存在我们无法对其进行删除或禁用，初始化模块主要针对粒子的基本属性进行设置，如图 7-6 所示，下面通过表 7-5 来详细讲解各项命令的功能含义。

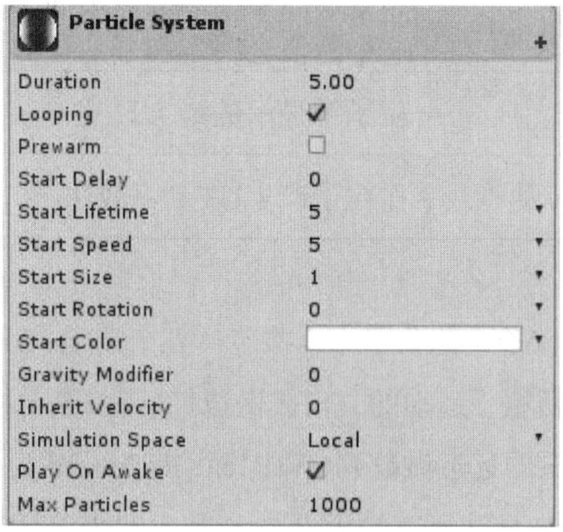

图 7-6　粒子系统初始化模块面板

表 7-5

Particle System初始化模块		
参数名称	中文含义	功能解释
Duration	持续时间	粒子系统发射粒子的持续时间
Looping	循环	粒子系统是否循环
Prewarm	预热	当looping系统开启时，才能启动预热系统，这意味着，粒子系统在游戏开始时已经发射粒子，就好像它已经发射了粒子一个周期
Start Delay	初始延迟	粒子系统发射粒子之前的延迟，注意在Prewarm（预热）启用下不能使用此项
Start Lifetime	初始生命	以秒为单位，粒子存活时间
Start Speed	初始速度	粒子发射时的速度
Start Size	初始大小	粒子发射时的大小
Start Rotation	初始旋转	粒子发射时的旋转值
Start Color	初始颜色	粒子发射时的颜色
Gravity Modifier	重力修改器	粒子在发射时受到的重力影响
Inherit Velocity	继承速度	控制粒子速率的因素将继承自粒子系统的移动（对于移动中的粒子系统）
Simulation Space	模拟空间	粒子系统在自身坐标系还是世界坐标系
Play On Awake	唤醒时播放	如果启用，当粒子系统被创建时将自动开始播放
Max Particles	最大粒子数	粒子发射的最大数量

在 Particle System 初始化模块面板下面还有一系列的选项面板，如图 7-7 所示，每个面板都对应各种粒子控制选项参数，我们可以有选择性的启用其中的一个或多个面板，下面针对每个面板的命令参数进行详细讲解。

（1）Emission 发射模块。

这个模块用来控制粒子发射时的速率，可以在某个时间生成大量粒子，在模拟爆炸时非常有效。Rate（速率），每秒或每米的粒子发射的数量；Bursts（突发），在粒子系统生存期间增加爆发；Time and Number of Particles（粒子的时间和数量），在指定时间发射指定数量的粒子，用"+"或"-"按钮调节爆发数量。

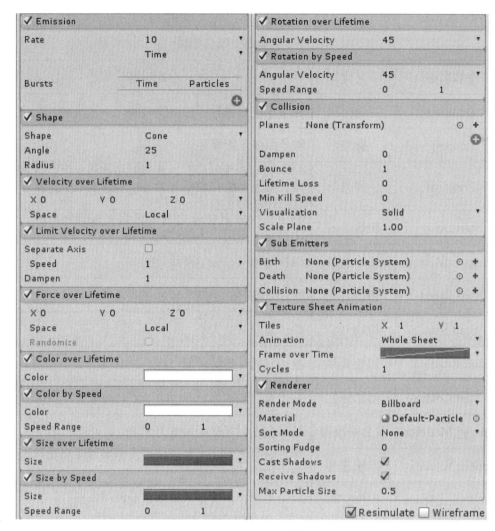

图 7-7　各项粒子系统参数控制面板

（2）Shape 形状模块。

定义发射器的形状，可以选择球形、半球体、圆锥、盒子和网格模型，能提供初始的作用力，该作用力的方向将延表面法线或随机生成。

表 7-6

形状	参数命令
Sphere 球体	Radius（半径），球体的半径（可以在场景视图里手动操作）
	Emit from Shell（从外壳发射），从球体外壳发射，如果设置为不可用，粒子将从球体内部发射
	Random Direction（随机方向），粒子发射将沿随机方向或者表面法线

续　表

形状	参数命令
Hemispher 半球	Radius（半径），半球的半径（可以在场景视图里手动操作）
	Emit from Shell（从外壳发射），从半球外壳发射，如果设置为不可用，粒子将从半球内部发射
	Random Direction（随机方向），粒子发射将沿随机方向或者表面法线
Cone 锥体	Angle（角度），圆锥的角度，如果为0，粒子将延一个方向发射（可以在场景视图里面手动操作）
	Radius（半径），如果值超过0，将创建1个帽状的圆锥，通过这个参数可以改变发射的点（可以在场景视图里面手动操作）
Box 立方体	Box X，立方体X轴的缩放值
	Box Y，立方体Y轴的缩放值
	Box Z，立方体Z轴的缩放值
	Random Direction（随机方向），粒子将延一个随机方向发射或延Z轴发射
Mesh 网格	Type（类型），粒子将从顶点、边或面发射
	Mesh（网格），选择一个多边形面作为发射面
	Random Direction（随机方向），粒子将沿随机方向或表面法线

（3）Velocity Over Lifetime 存活期间的速度模块。

该面板用来控制粒子的直接动画速度。X、Y、Z用来控制粒子的运动方向，可以通过常量值或曲线来控制。Space/World（局部/世界），选择速度是根据局部还是世界坐标系确定方向。

（4）Limit Velocity Over Lifetime 存活期间的限制速度模块。

可以控制粒子模拟拖动效果，如果有了确定的阀值，将抑制或固定速率。Separate Axis（分离轴），用于每个坐标轴的控制；Speed（速度），用来控制粒子所有方向轴的速度，用 X、Y、Z 不同的轴向分别控制；Dampen（阻尼），通过 0~1 的数值确定多少过度的速度将被减弱，举例来说，值为 0.5，将以 50% 的速率降低速度。

（5）Force Over Lifetime 存活期间的受力模块。

与 Velocity Over Lifetime 模块参数基本相同。X、Y、Z用来控制作用于粒子上面的力，可以通过常量值或曲线来控制；Space/World（局部/世界），选择速度是根据局部还是世界坐标系来确定方向；Randomize（随机），每帧作用在粒子上面的力都是随机的。

（6）Color Over Lifetime 存活期间的颜色模块。

Color（颜色），控制每个粒子在其存活期间的颜色，存活时间短的粒子变化会更快。可以选择常量颜色、两色随机、使用渐变动画或在两个渐变之间指定一个随机值。

（7）Color by Speed 颜色速度模块。

该模块可以使粒子颜色根据其速度产生动画效果，为颜色在一个特定范围内重新指定速度。Color 颜色选项与 Color Over Lifetime 模块中的相同。Speed Range（速度范围），Min 和 Max 值用来定义颜色速度范围。

（8）Size Over Lifetime 存活期间的尺寸模块。

Size（尺寸大小），控制每个粒子在其存活期间内的大小，可以通过常量、曲线或两曲线间随机等方式进行控制。

（9）Size By Speed 存活期间的尺寸速度模块。

Size（尺寸大小），用于指定速度。Speed Range（速度范围），Min 和 Max 值用来定义速度的范围。

（10）Rotation Over Lifetime 存活期间的旋转速度模块。

Angular Velocity（旋转速度），控制每个粒子在其存活期间内的旋转速度，可以使用常量、曲线、两常量间随机或两曲线间随机来进行控制。

（11）Rotation By Speed 旋转速度模块。

Angular Velocity（旋转速度），与 Rotation Over Lifetime 模块中的参数含义相同，用来控制粒子的旋转速度。Speed Range（速度范围），用两个常量数值来定义旋转速度范围。

（12）Collision 碰撞模块。

为粒子系统建立物理碰撞，现在只支持平面碰撞。下面通过表 7-7 来详细了解功能参数的含义。

表 7-7

Collision碰撞模块		
参数名称	中文含义	功能解释
Planes	平面	Planes被定义为指定变换引用。变换可以场景里面的任何一个，而且可以动画化。多个面也可以被使用。注意Y轴作为平面的法线
Dampen	阻尼	当粒子碰撞时，会受到阻力影响，可以设置为0～1。当设置为1后，任何粒子都会在碰撞后变慢
Bounce	弹力	当粒子碰撞时，会受到弹力影响，出现反弹效果，可以在0～1设置

续 表

		Collision碰撞模块
Lifetime Loss	生命减弱	初始生命每次碰撞减弱的比例。当生命到0，粒子死亡。如果想让粒子在第一次碰撞时死亡，就将这个值设置为1
Min Kill Speed	最小死亡速度	当粒子低于这个速度时，碰撞结束后粒子就会消亡
Visualization	可视化	可视化平面，可选择Grid或Solid。Grid（网格），渲染为辅助线框。Solid（实体），在场景渲染为平面，用于屏幕的精确定位
Scale Plane	缩放平面	重新缩放平面

（13）Sub Emitter 次级粒子发射模块。

这是一个非常好用的模块，当粒子在出生、死亡和碰撞时可以生成其他次级粒子。Birth（出生），在每个粒子出生的时候生成其他粒子系统；Death（死亡），在粒子死亡的时候生成其他粒子系统；Collision（碰撞），在粒子碰撞的时候生成其他粒子系统。

（14）Texture Sheet Animation 纹理层动画模块。

在粒子系统存活期间设置面片的 UV 动画。Tiles（平铺），定义贴图纹理的平铺；Animation（动画），指定动画类型，可以选择整格或是单行；Cycles（周期），指定 UV 动画的循环速度。

（15）Renderer 渲染器模块。

渲染模块显示粒子系统渲染组件的属性，具体参数命令含义见表 7-8。

表 7-8

		Renderer渲染器模块
参数名称	中文含义	功能解释
Render Mode	渲染模式	可选择下列粒子渲染方式。 （1）Billboard（广告牌），让粒子面对摄像机 （2）Stretched Billboard（拉伸广告牌），粒子将通过下面属性伸缩：Camera Scale（摄像机缩放），决定摄像机的速度对粒子伸缩的影响程度；Speed Scale（速度缩放），通过比较速度来决定粒子的长度；Length Scale（长度缩放），通过比较宽度来决定粒子的长度 （3）Horizontal Billboard（水平广告牌），让粒子延Y轴对齐 （4）Vertical Billboard（垂直广告牌），当面对摄像机时，粒子延X、Z轴对齐 （5）Mesh（网格），粒子渲染时使用网格模型
Material	材质	广告牌或网格粒子所用的材质

续　表

Renderer渲染器模块		
Sort Mode	排序模式	设置粒子的渲染优先顺序
Sorting Fudge	排序校正	使用这个选项将影响粒子渲染顺序，如果将Sorting Fudge的值设置的较小，粒子可能被最后渲染，从而显示在透明物体和其他粒子系统的前面
Cast Shadows	投射阴影	让粒子系统可以投射阴影
Receive Shadows	接受阴影	让粒子接受其他物体的投影
Max Particle Size	最大粒子尺寸	设置最大粒子相对于视窗的大小，可以在0～1内进行设置

Unity 粒子系统是一个十分复杂的功能系统，包含众多的参数和命令设置，想要完全掌握粒子系统的使用方法必须先了解每个命令参数的大致含义，然后通过实例来进行具体的学习和操作，以更加直观的方式掌握每个命令和参数的具体应用方法和技巧。

7.3　Unity粒子实例火焰的制作

火焰是游戏中常见的粒子特效，通常用于制作火把、火盆、法术或大面积的燃烧效果，如图 7-8 所示。火焰效果的制作应用了最基本的粒子参数设定，可以帮助初学者更加直观和快速地掌握Unity 粒子系统，本节就带领大家了解火焰粒子特效的制作流程和方法。

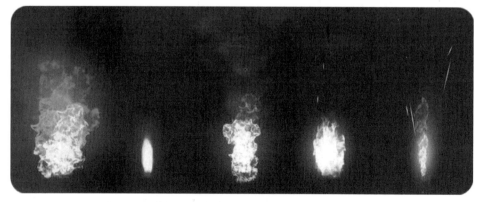

图 7-8　各种类型的火焰粒子特效

首先在 3ds Max 中制作一个三足铜鼎模型，用来作为火焰燃烧的载体，如图 7-9 所示。

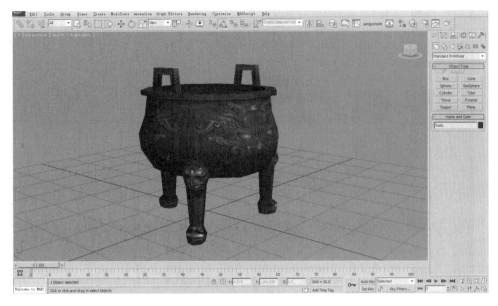

图 7-9　制作铜鼎模型

将制作完成的铜鼎模型导出为 FBX 文件，这里注意模型、材质球和贴图的名称要统一。将 FBX 和模型贴图文件放置于 Unity 项目文件夹下的 Assets 目录中，在 Unity 引擎编辑器中新建一个场景，将铜鼎模型导入到 Unity 场景视图中，将铜鼎材质球的 Shader 设置为 Specular 高光模式，如图 7-10 所示。

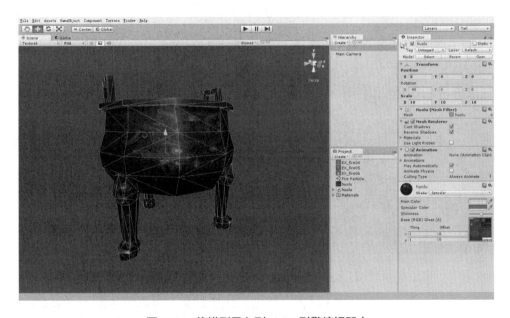

图 7-10　将模型导入到 Unity 引擎编辑器中

接下来通过 Unity 菜单栏中的 GameObject 菜单创建一个 Particle System 默认粒子系统，将粒子系统移动对齐到铜鼎模型的上方，如图 7-11 所示。

145

图 7-11　创建 Particle System 粒子系统

　　然后通过 Inspector 面板对粒子系统的参数进行设置，我们首先选中激活粒子系统的 Shape 面板，将粒子发射器的形状设置为 Cone 类型，调整发射器圆柱图形的半径以及高度，如图 7-12 所示。

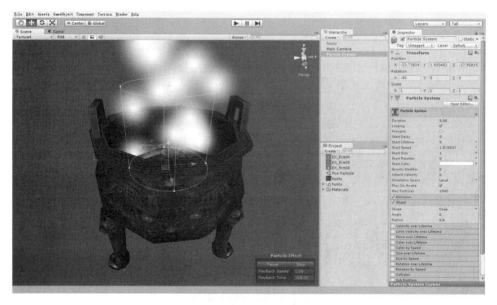

图 7-12　调整粒子发射器外形

　　我们暂时把白色的粒子光球看作喷发出的火焰，然后对粒子的基本参数进行设置，在初始化模块中设置 Start Lifetime（初始生命存活时长）、Start Speed（初始速度）和 Start Size（初始粒子尺寸大小）等参数，调整粒子喷射的形态，让其具有火焰的基本外观，如图 7-13 所示。

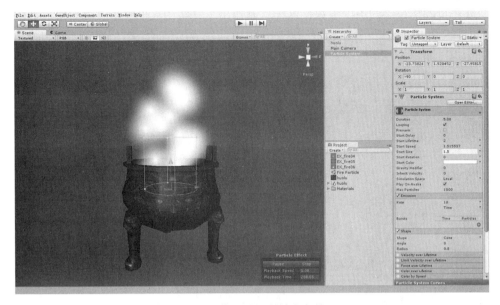

图 7-13　调整粒子基本参数

利用 Project 项目面板中的 Create 按钮新建一个材质球（Material），然后为其添加一张火焰的 Alpha 特效贴图，将材质球的 Shader 设置为 Transparent/VertexLit 模式，将材质球的主色调和高光色都设置为纯白，如图 7-14 所示。

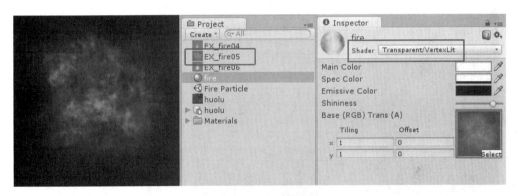

图 7-14　创建火焰材质球

选择粒子系统，激活下方的 Renderer 渲染面板，将刚刚制作的火焰材质球拖曳添加到渲染面板的 Material 选项中，渲染模式保持默认的 Billboard（粒子面片永远正对摄像机镜头）模式，这时我们就能看到火焰粒子的喷射效果了，如图 7-15 所示。

这时火焰特效存在一个问题，就是粒子面片由从下方生成到消失在顶部，自始至终都是保持同一尺寸大小，火焰的喷射整体呈火柱状，缺乏真实感，所以下一步我们需要对 Size Over Lifetime（存活期间的尺寸）模块的参数进行设置，让其火焰呈锥状喷射。选中激活 Size Over Lifetime 模块面板，选择利用曲线来控制 Size 参数，同时返回粒子初始化模块，进一步调整粒子的各项参数，这样就制作出了真实的火焰粒子燃烧效果，如图7-16所示。

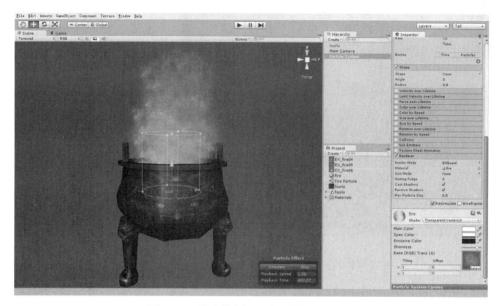

图7-15 将火焰材质添加到粒子系统中

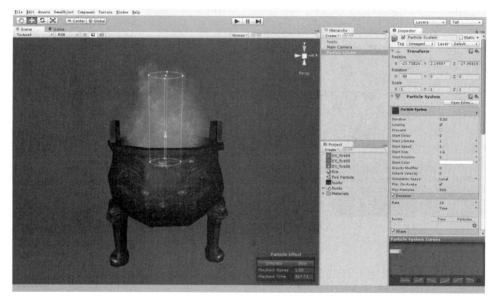

图7-16 进一步调整粒子参数

火焰特效制作完成后，我们可以利用同样的方法制作出烟雾特效，让火焰的燃烧更具真实感，烟雾粒子特效的参数设置与火焰特效基本相同，只是具体的参数数值不同，烟雾粒子应该比火焰粒子的存活时间更长，这样才能够实现烟雾的挥发效果，如图7-17所示。

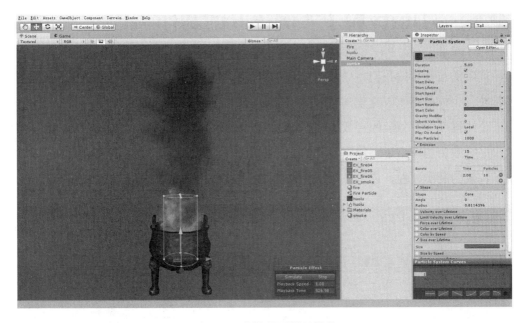

图 7-17　制作烟雾粒子特效

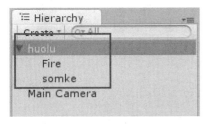

图 7-18　设置父子层级关系

火焰和烟雾的粒子特效都制作完成后，我们在 Hierarchy 面板中将两个粒子系统都拖曳到铜鼎模型的名称上，这样就实现了子父级关系的设定，如图 7-18 所示，之后我们在引擎编辑器中移动铜鼎模型，两个粒子系统便会同时跟随移动。最后在场景视图中创建一盏点光源，调整摄像机的位置，然后单击工具栏的播放按钮，就可以在游戏视图中观看最终的特效效果了，如图 7-19 所示。

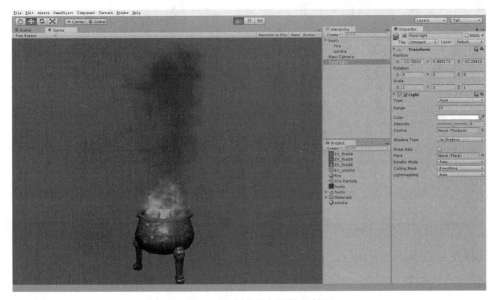

图 7-19　游戏视图中的粒子效果

149

7.4 Unity粒子实例落叶的制作

游戏中的粒子特效我们可以大致分为密集型粒子和分散型粒子。顾名思义，密集型粒子是指粒子个体分布比较密集的特效类型，如火焰、烟雾、爆炸和光束等。分散型粒子是指粒子个体排列相对分散的特效类型，如萤火虫、落叶、下雨（见图7-20）等。在上一节中以火焰特效为例介绍了密集型粒子的制作方法，本节将以落叶效果为例为大家讲解分散型粒子特效的制作流程。首先，在3ds Max中制作一棵树木的植物模型，如图7-21所示。

图 7-20　游戏中的下雨天气粒子特效

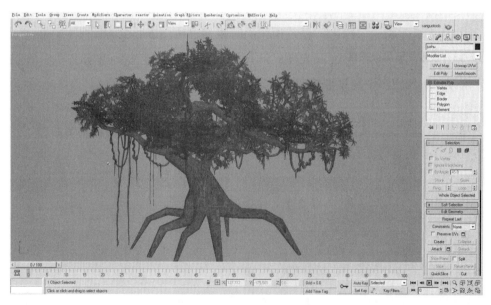

图 7-21　制作树木植物模型

将模型整体导出为 FBX 文件，启动 Unity 引擎编辑器，新建项目文件和场景，然后将 FBX 文件连同模型贴图文件一起放到 Unity 项目文件夹下的 Assets 资源目录中，这样我们就完成了植物模型资源的导入，在 Project 项目面板中拖曳树木模型到场景视图，如

图 7-22 所示。树叶和树藤的材质球 Shader 要选择 Transparent 半透明模式或 Natural 植物
模式。

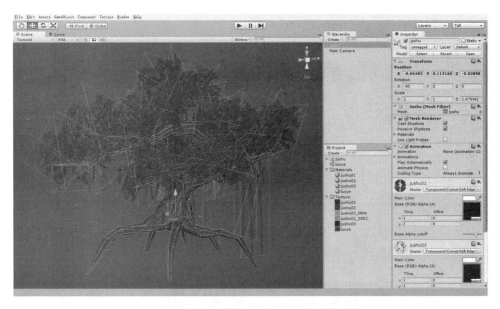

图 7-22 将树木模型导入到 Unity 引擎编辑器中

从 Unity 菜单栏选择 GameObject 游戏对象菜单，在 Create Other 命令选项下创建默认
的 Particle System 粒子系统，如图 7-23 所示。

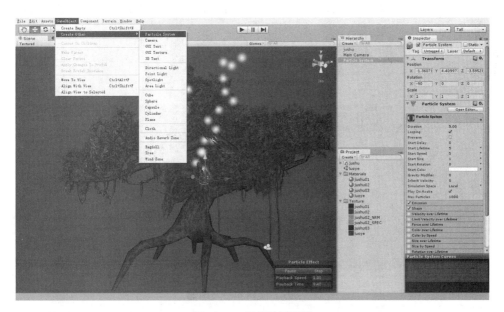

图 7-23 创建粒子系统

接下来通过 Inspector 面板对粒子的属性参数进行设置，首先选中 Shape 形状面板，将

粒子发射器的外形设置为 BOX，通过场景视图右上角的辅助工具进入顶视图，调整 BOX 的外形和尺寸，让其尽量覆盖树木的全部树叶，如图 7-24 所示。

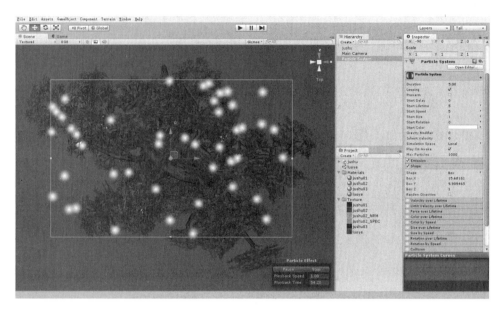

图 7-24　调整粒子发射器的形状

通过旋转工具将粒子系统整体旋转 180°，让其向下发射粒子，如图 7-25 所示。

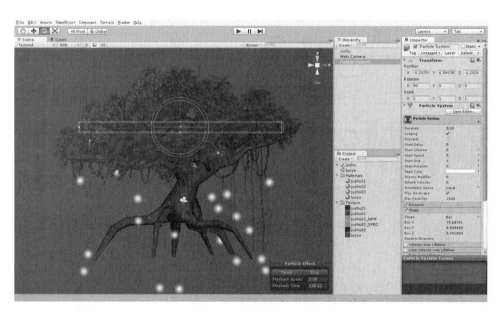

图 7-25　旋转粒子发射器

在 Project 面板中利用 Create 按钮创建一个新的 Material 材质球，为材质球添加落叶的 Alpha 贴图，然后选择粒子系统的 Renderer 面板，将材质球拖曳进 Materials 选项中，这样粒子系统发射的粒子就变成了落叶效果，如图 7-26 所示。

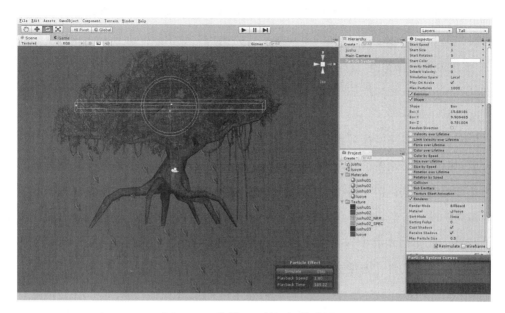

图 7-26　为粒子系统添加落叶材质

这时的落叶粒子还只是初始效果，我们需要对粒子系统的参数进行进一步设置，让其具有基本的形态和外观效果。在粒子系统初始化模块中需要对 Start Lifetime（初始生命存活时长）、Start Speed（初始速度）和 Start Size（初始粒子尺寸大小）三个参数进行设置，分别控制粒子的消失时间、下落速度和落叶叶片的大小。在下方的 Emission 面板中，通过 Rate 参数来设置粒子的发射数量，最后设定效果如图 7-27 所示。

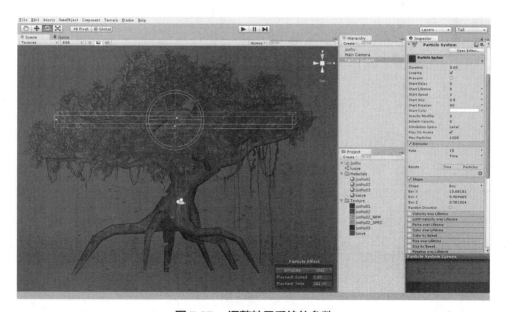

图 7-27　调整粒子系统的参数

　　以上的参数设置完成后，发现落叶的效果并不自然，这是因为所有落叶都以相同的大小、速度及方向在进行下落，缺乏真实感。接下来需要对落叶进行随机化设置，首先点击初始化模块中 Start Size 参数后面的下拉菜单，将其设置为 Random Between Two Constants（在两个常量数值间随机变化），Start Speed 参数也可以同样设置，这样落叶的大小和下落速度就有了自然的变化。然后单击激活 Rotation Over Lifetime 模块，为落叶设置自身旋转效果，这样整个落叶粒子特效就更加真实自然了。最后在场景中添加一盏方向光，设置摄像机的角度，单击工具栏播放按钮，就可以从游戏视图中观看最终的落叶效果了。

　　对于 Unity 粒子系统的学习，还是应当多从实例练习中直观、形象地掌握各项命令参数的含义和控制方法，对于各类粒子特效，在制作的时候要能够举一反三、善于变通，有时完全相同的粒子参数设定，仅仅修改面片贴图或改动一个参数，就可能会出现完全不同的粒子效果。在随书光盘中包含了本章实例的模型、贴图、Unity 项目文件及粒子特效资源包等各项制作源文件，方便大家参考学习。

Unity3D野外综合场景实例制作

EIGHT

对于一款游戏来说，它的场景部分其实是由众多野外地图构成的，每一张地图中都包含了大量的局部地图场景，这种关系就类似于我们生活中的旅游景区，如果把整个景区看作游戏中的野外地图，那么景区中的各个独立景点就是野外地图中的局部地图场景。图8-1是游戏中的一张野外地图，从中可以清楚地看到地图中包含的各个局部场景地点，野外地图整体规划完成后，游戏场景设计师负责开始制作每一个独立的局部地图场景，之后再来处理它们之间的地图过渡区域，这样最终就完成了整个野外地图场景的制作。所以对于大型野外场景的制作，关键是要处理好每一个局部场景，本章就以野外局部场景制作为例，带领大家深入学习大型野外局部场景的制作流程和方法。

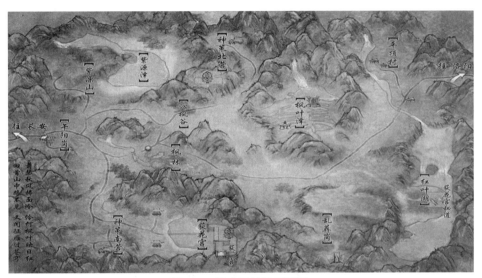

图 8-1　游戏野外场景地图

一个完整的野外场景应当包括地表地形、山石岩体、河流水系、树木植被以及场景建筑这五大方面，对于大型野外局部场景的制作我们也必须从这几大方面入手，针对不同的部分进行独立制作，最后再将所有模型元素进行整体的拼合。其中山石模型、植物模型以及场景建筑模型需要在3ds Max中来完成，地表地形以及水系元素通常利用引擎编辑器来制作，最后的拼合过程也是通过游戏引擎编辑器来实现。

对于以上我们讲到的游戏野外场景五大元素，它们之间存在一种相互依托的关系，这种关系可以用金字塔体系来概括，如图8-2所示。首先，场景的地表地形山脉是借助于引擎地图编辑器来实现的游戏场景平台，野外地图中所有场景元素都必须依托于这个平台来实现，它是整个金字塔体系的根基所在；其次，在场景地形之上我们通过制作山石模型、植物模型和水系来丰富场景细节，它们与场景地形共同构成了野外地图场景的自然元素部分，这也是野外游戏场景与纯建筑场景的最大区别；最后，在场景自然元素部分之上我们还要制作场景建筑模型，场景建筑在整个金字塔体系当中处于核心位置，它是构成整个场景的主体元素，也是游戏中玩家角色活动的主要区域。整个金字塔体系中的各个元素相互依托，各司其职，缺一不可。

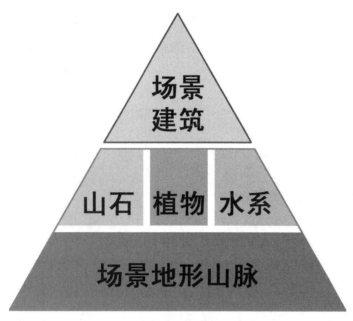

图 8-2　游戏野外场景元素体系图

在了解了野外场景各元素之间的关系后，下面来介绍游戏野外场景的一般制作流程。

（1）在 3ds Max 中制作场景建筑模型、场景道具模型以及各种装饰模型。

（2）在 3ds Max 中制作各种形态的山体岩石模型。

（3）在 3ds Max 中制作各种植物植被模型。

（4）在 3ds Max 中利用 Plane 面片、Alpha 贴图以及 UV 动画制作场景瀑布水系。

（5）在游戏引擎地图编辑器中创建绘制地表地形和地表山脉。

（6）将 3ds Max 中制作的所有场景元素进行导出，然后导入到游戏引擎编辑器中。

（7）利用引擎编辑器将所有场景元素进行整合，进一步编辑制作地图场景的细节。

（8）地图场景基本制作完成以后，在引擎编辑器中添加光影效果、各种粒子和动画特效，对场景整体进行烘托和修饰。

总体来说，野外游戏场景的制作过程仍然遵循了上面的金字塔体系，基本按照金字塔图中从上到下的顺序来制作，首先制作主体建筑模型，然后分别制作各个自然元素部分，最后制作场景地形地表，并将所有元素进行整合，整个流程是一个"由零化整"的过程，在后面的实例制作中我们也将按照这一流程和步骤进行制作。

8.1 3ds Max场景模型的制作

图 8-3 是本章实例制作的场景平面顶视图，整个场景搭建在地形地表之上，场景周边被地形山脉环绕，场景中间是建筑群及广场区域，周围地表上被树木及草地植被覆盖，图中右侧为水池区域，靠近水池的山脉顶部有瀑布，水池旁的高地上有一棵巨大的树木，这就是整个场景的基本布局结构。

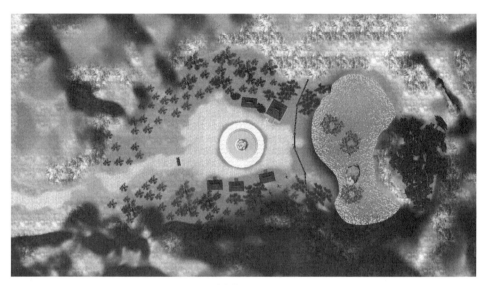

图 8-3 实例场景平面顶视图

整个场景需要制作的模型元素一共分为三部分：场景建筑模型，包括场景中间的水池、喷泉雕塑、周围的房屋建筑模型、墙体模型以及相关的场景装饰道具模型等；山石模型，包括场景远处的山体模型及地表上用到的各种岩石模型等；植物模型，包括巨型树木模型、水池中的荷花、水池附近的竹林以及各种地表植物模型等。下面我们将按照流程顺序分别制作场景模型。

8.1.1 场景建筑模型的制作

首先制作场景中的房屋建筑模型，我们需要制作一大一小两组房屋建筑，先来制作较大的一组建筑，另一组可以通过复制修改来快速完成。在 3ds Max 中创建 BOX 模型，通过编辑多边形制作出房屋的顶脊结构，如图 8-4 所示。

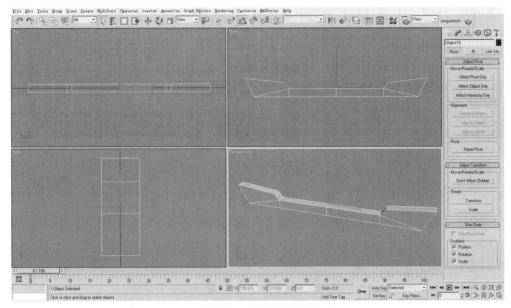

图 8-4　制作房屋顶脊

同样利用 BOX 编辑多边形制作出顶脊两侧的房屋侧脊模型，如图 8-5 所示。建筑的模型结构大多为对称结构，多数情况下可以通过复制命令快速完成制作。

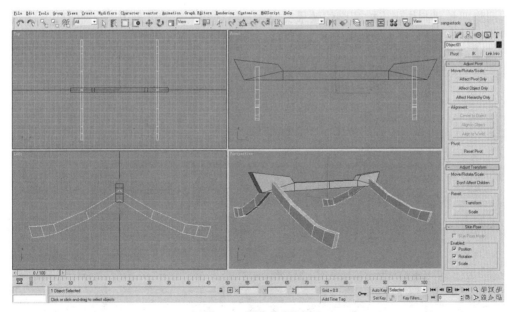

图 8-5　制作房屋侧脊

沿着屋脊制作出房顶结构，并向下制作出上层的墙体模型，如图8-6所示。

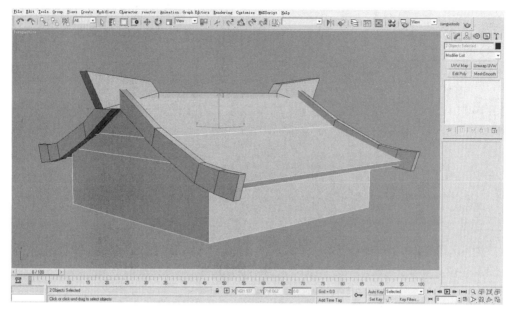

图8-6　制作上层墙体结构

沿着墙体结构，利用编辑多边形的边层级复制模式，向下制作出中层的檐顶和墙体模型，房檐四角要制作出飞檐翘脚的效果，要注意结构和布线的处理方式，如图8-7所示。

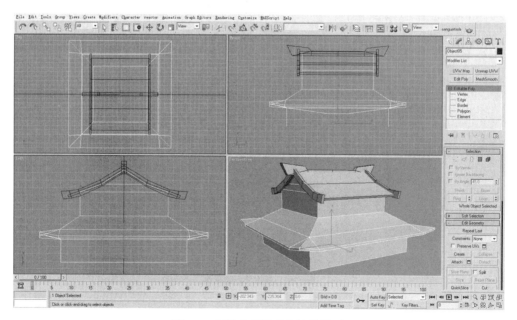

图8-7　制作中层檐顶和墙体模型

按照同样方法制作出底层的檐顶和墙体模型，结构完全相同，只是比例稍微放大了些，如图 8-8 所示。

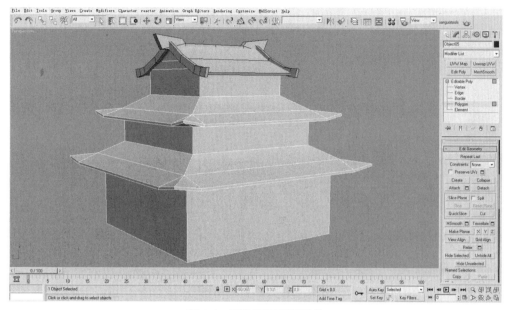

图 8-8　制作下层房屋结构

进入编辑多边形边层级，选择底层房檐正面的所有横向边线，执行 Connect 命令，制作出纵向的分段布线，如图 8-9 所示。

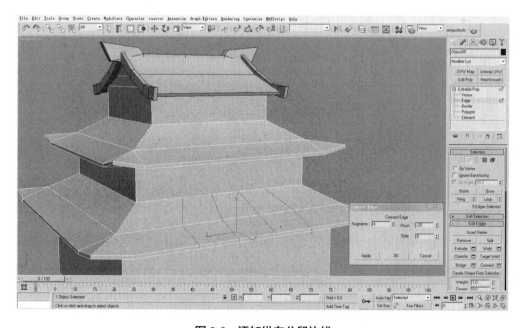

图 8-9　添加纵向分段边线

选中刚刚制作的中间两列纵向边线，将其向上提拉制作出拱顶结构，如图 8-10 所示。

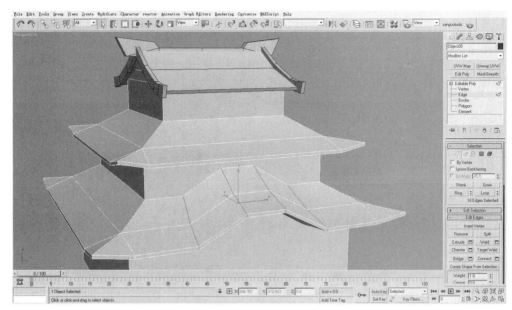

图 8-10　制作拱形结构

将刚刚制作的模型结构进行布线划分，连接多边形的顶点，如图 8-11 所示，这样做是为了保证每个多边形的面都控制在四边形以内，在模型导入到游戏引擎前我们还要对模型进行详细检查，确保模型不出现五边以上的多边形面。

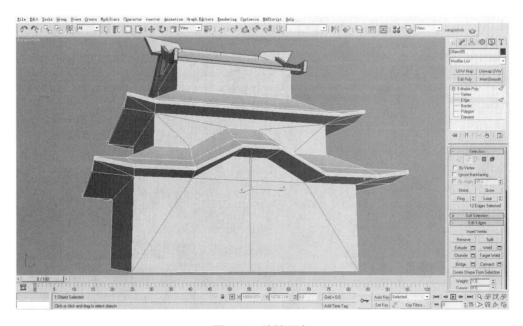

图 8-11　连接顶点

制作添加中层和下层的屋脊模型，同时在底层墙体四角制作立柱模型，如图 8-12 所示。

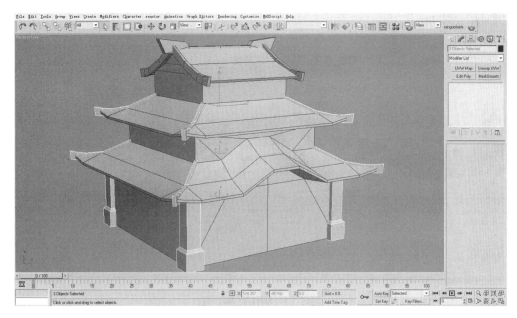

图 8-12　制作添加屋脊和立柱

在底层房檐四角下和立柱上方之间制作斗拱结构，斗拱是中国古代建筑的支撑结构，出现在游戏建筑模型中主要起到装饰作用，斗拱结构主要由横向和纵向的 BOX 模型编辑拼接而成，如图 8-13 所示。

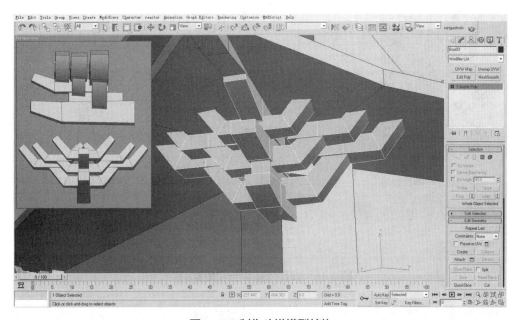

图 8-13　制作斗拱模型结构

在正门上方，拱顶房檐下，利用 BOX 模型制作装饰支撑结构，如图 8-14 所示。

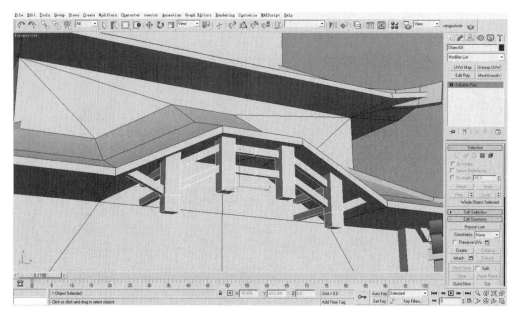

图 8-14　制作支撑结构

最后制作出建筑的地基底座平台和楼梯结构，如图 8-15 所示，这样这个房屋建筑的模型部分就制作完成了。

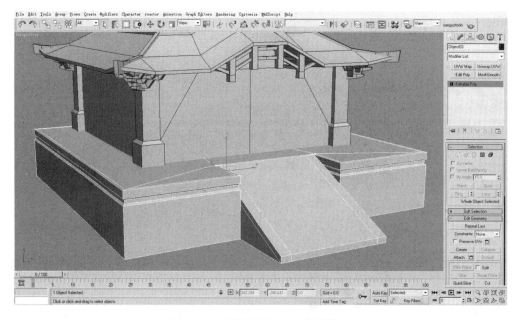

图 8-15　制作地基平台和楼梯模型

模型制作完成后，我们为模型添加贴图，场景建筑模型的贴图主要利用循环贴图来实现效果，如图 8-16 所示，墙体、房顶瓦片、地基石砖、台阶以及立柱的贴图都是二方连续贴图，我们只需要根据建筑的规模来调整贴图 UV 坐标的比例即可。

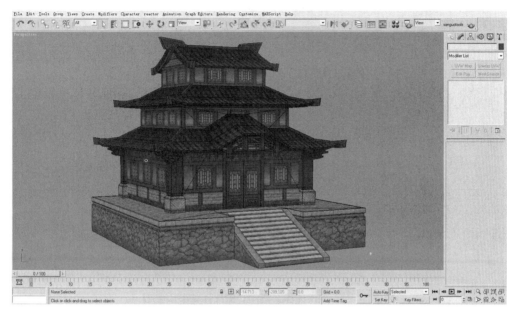

图 8-16　为模型添加贴图

将制作完成的房屋建筑上层、中层和地基平台模型复制一份，调整模型的结构比例并进行适当修改，制作出另外一组房屋建筑模型，如图 8-17 所示。

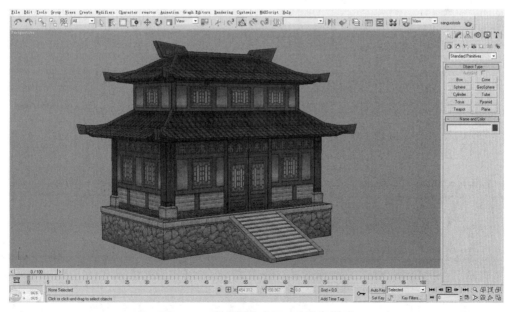

图 8-17　修改制作出另一座房屋模型

然后我们还需要制作出建筑附属的墙体、拱门和墙体连接结构的模型，如图8-18所示。

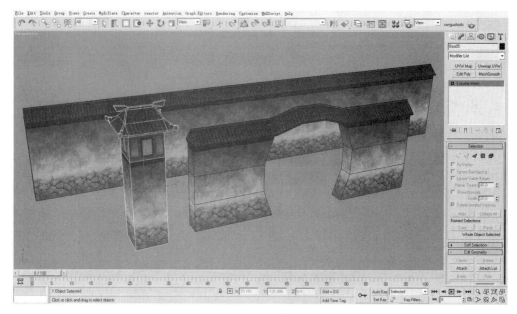

图8-18　制作墙体、拱门和墙体连接结构模型

接下来制作牌坊建筑模型，牌坊模型通常用作场景入口处，作为整个场景门的结构。首先制作牌坊的檐顶结构，包括屋脊、房顶和下方的支撑结构，如图8-19所示。接下来制作房顶下方的立柱、牌匾以及辅助立柱支撑结构，如图8-20、图8-21和图8-22所示。图8-23是牌坊模型贴图完成后的效果。

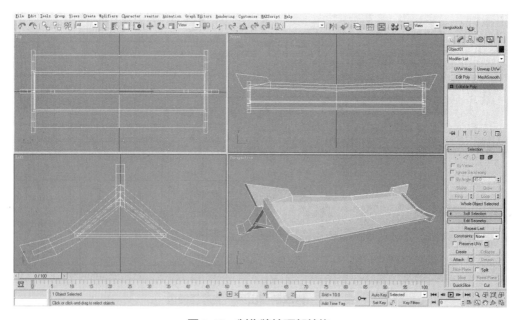

图8-19　制作牌坊顶部结构

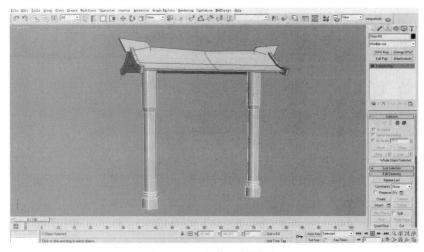

图 8-20　制作立柱模型

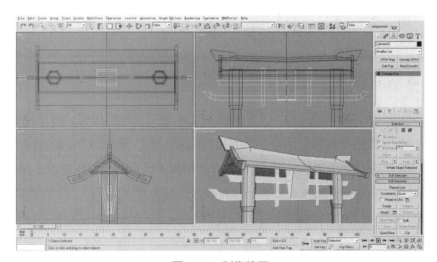

图 8-21　制作牌匾

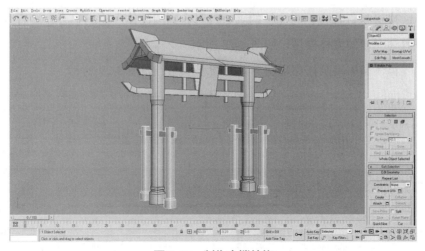

图 8-22　制作支撑结构

167

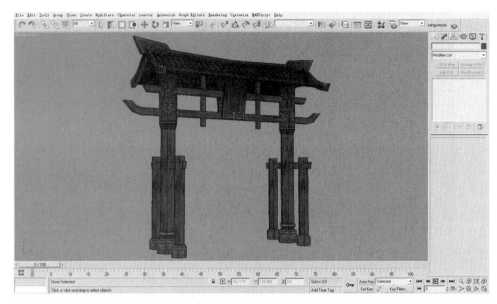

图 8-23　牌坊贴图完成后的效果

8.1.2　场景装饰道具模型的制作

本章实例中的场景装饰道具模型主要包括广场水池喷泉雕塑模型、房屋建筑门口的雕塑抱鼓石模型及场景路灯装饰模型等，下面我们先来制作广场水池喷泉雕塑模型。

首先在 3ds Max 视图中创建 BOX 模型，通过编辑多边形命令制作成图 8-24 中的形态，作为喷泉雕塑中一根立柱的底座。

在编辑多边形点层级下，利用 Cut 命令切割布线，进一步编辑模型的点线，细化模型结构，如图 8-25 所示。

继续利用 BOX 模型编辑多边形，制作出立柱的上半部分，如图 8-26 所示。

在立柱模型一侧利用圆柱体模型编辑制作出雕塑顶端的水池，如图 8-27 所示。

进入 3ds Max 层级面板，将立柱的轴心点对齐到圆柱体水池的中心，然后通过旋转复制命令完成其他三面的立柱模型，如图 8-28 所示。

利用圆柱体模型编辑制作出雕塑下方的圆形水池，如图 8-29 所示。

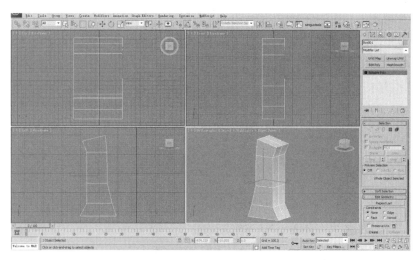

图 8-24　创建 BOX 模型

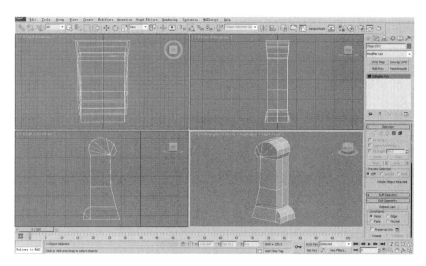

图 8-25　编辑多边形

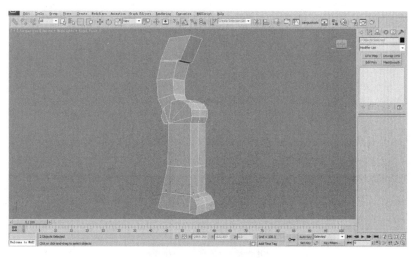

图 8-26　制作立柱顶部结构

169

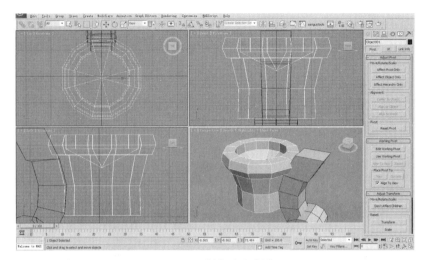

图 8-27　制作喷泉水池

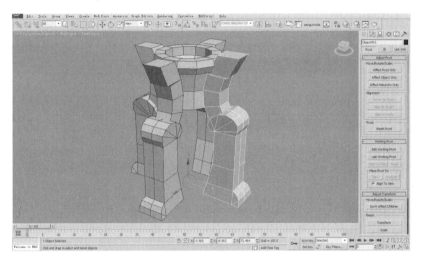

图 8-28　复制立柱模型

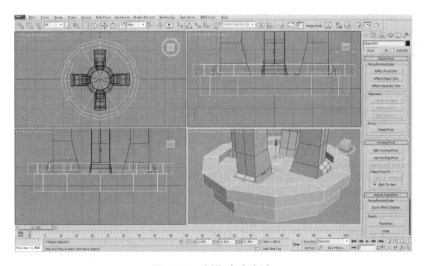

图 8-29　制作底座水池

为了增加模型细节我们可以在立柱下端制作兽面雕刻模型，如图 8-30 所示。这样水池雕塑的模型部分就制作完成了，图 8-31 是为模型添加贴图后的效果。

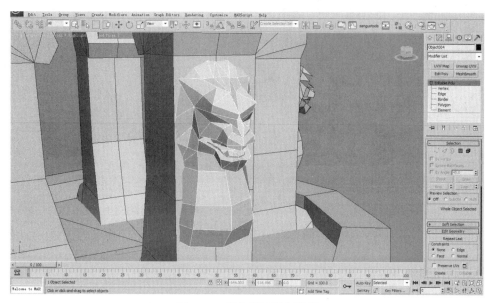

图 8-30　制作兽面雕刻结构

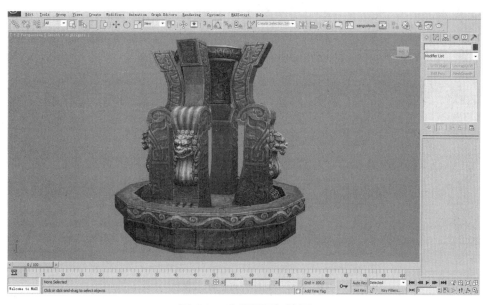

图 8-31　为模型添加贴图

水池雕塑制作完成后，再来制作雕塑外围的水池平台，在 3ds Max 视图中创建 Tube 圆管模型，设置合适的分段数，如图 8-32 所示。

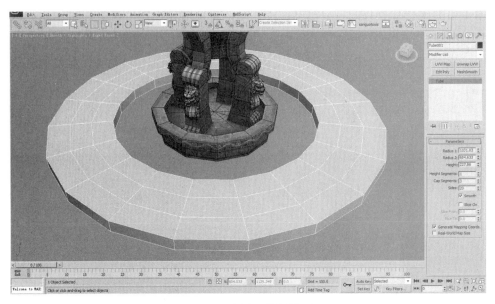

图 8-32　创建圆柱体模型

然后利用编辑多边形命令进一步编辑模型细节并为水池平台添加贴图，如图 8-33 所示。至此，场景中央广场水池喷泉雕塑的模型就全部制作完成了。

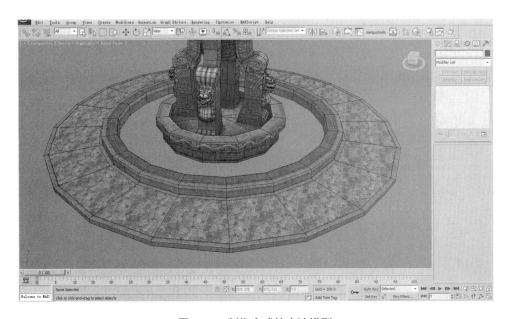

图 8-33　制作完成的水池模型

下面我们再来制作场景路灯装饰模型，首先将之前制作的房屋建筑顶部和墙体模型复制一份，调整结构比例，作为路灯装饰的灯体结构，如图 8-34 所示。

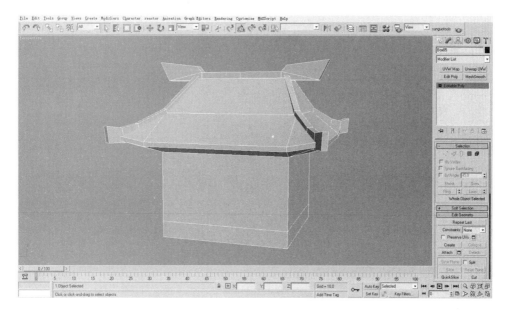

图 8-34　制作灯体结构

利用 BOX 模型编辑制作立柱模型，将其放置在灯体下方，接下来制作立柱周围的辅助支撑结构，最后为模型整体添加贴图，效果如图 8-35 所示。

图 8-35　制作完成的路灯模型

最后我们再来制作场景建筑需要用到的龙形雕塑装饰模型，首先在视图中利用 BOX 模型编辑制作出龙形的主体外观，可以通过堆栈列表中的 Symmetry 修改器进行模型对称制作，如图 8-36 所示。

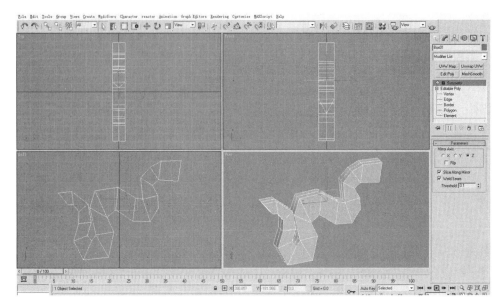

图 8-36　利用 Symmetry 修改器进行对称制作

通过切割布线、编辑点线等命令制作出龙头的基本结构，细化龙头模型细节，制作出牙齿、舌和龙须等模型结构，如图 8-37 所示。

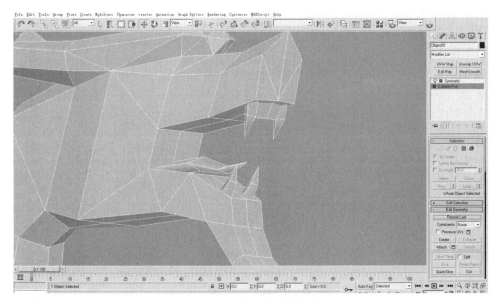

图 8-37　制作龙头模型细节

接下来制作龙腿和龙爪的模型结构，如图 8-38 所示，只需要制作一侧的模型即可，另一侧可以通过镜像复制来完成。图 8-39 是龙形雕塑组装拼接后的效果。

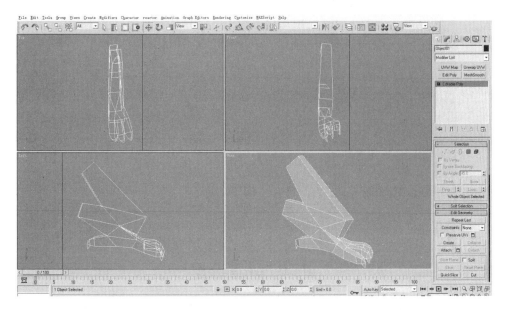

图 8-38　制作龙腿和龙爪模型

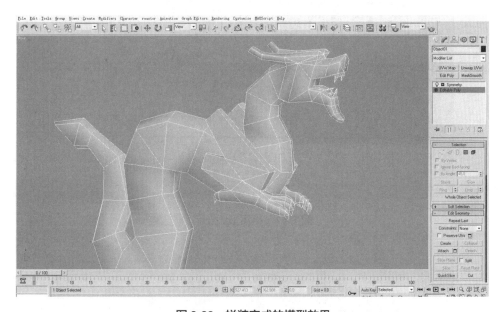

图 8-39　拼装完成的模型效果

接下来制作龙形雕塑下方的石台底座模型，如图 8-40 所示。然后利用圆柱体模型编辑制作出连接龙形雕塑和底座之间的圆形抱鼓石模型。

模型制作完成后，在堆栈列表中添加 Unwrap UVW 修改器，开始模型 UV 坐标的平展工作，如图 8-41 所示，这里我们分别将龙形雕塑模型 Attach 到一起，抱鼓石和底座模型 Attach 到一起，将整个模型分为两张贴图来处理。图 8-42 是模型添加贴图后的最终效果。

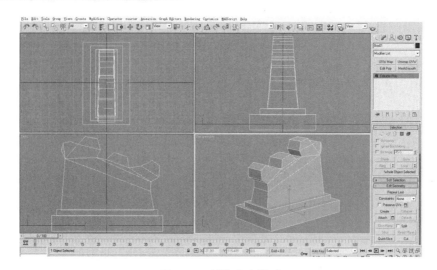

图 8-40　制作底座模型

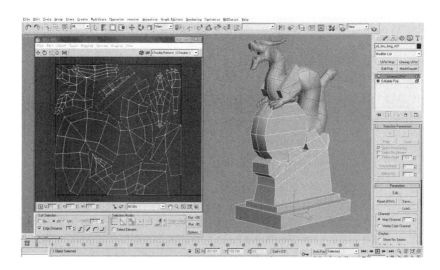

图 8-41　平展 UV 坐标

图 8-42　最终完成的模型效果

8.1.3　山石模型的制作

本章实例中需要制作的岩石模型，一方面可以用于远景山体的结构造型，另一方面可以用于近景中，起到场景装饰点缀的效果。岩石模型的制作也是通过几何模型的多边形编辑完成的，下面我们先来制作一个基础的岩石模型。首先在 3ds Max 视图中创建一个 BOX 基础几何体模型，并设置好合适的分段数（Segs），如图 8-43 所示。

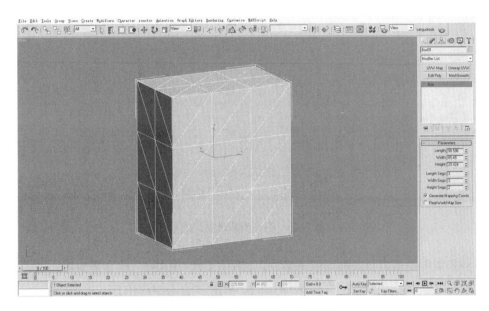

图 8-43　创建适当分段的 BOX 模型

将 BOX 模型塌陷为可编辑的多边形，进入点层级模式，利用 3ds Max 的正视图调整模型的外轮廓，形成岩石的基本外形，如图 8-44 所示。

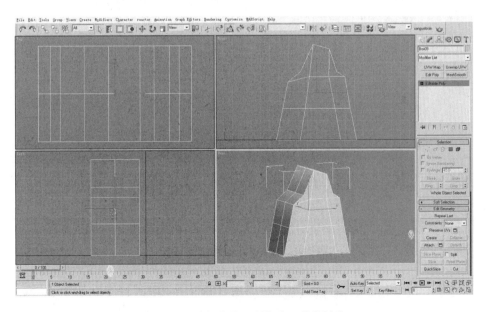

图 8-44　编辑多边形制作岩石外部轮廓

177

在点层级下进行进一步编辑调整，同时利用"Cut（切线）"等命令在合适的位置添加边线，让岩石模型整体趋于圆润，形成体量感，如图 8-45 所示。

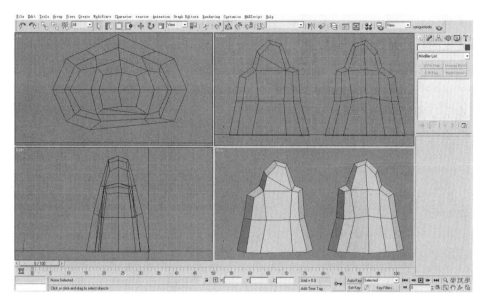

图 8-45　进一步编辑模型结构

下一步需要制作岩石表面的模型细节，利用"Cut（切线）"命令添加划分边线，然后利用面层级下的"Bevel（倒角）"或者"Extrude（挤出）"命令制作出岩石外表面的突出结构，如图 8-46 所示，这样的结构可以根据岩石形态多制作几个。

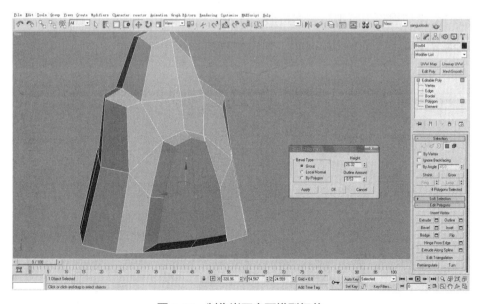

图 8-46　制作岩石表面模型细节

图 8-47 就是最终完成的岩石模型，可以通过四视图观察其整体形态结构，整体模型

用面非常简练，像这种基础的单体岩石模型在实际项目制作中通常控制在 100 面左右。最后我们还需要为模型设置光滑组，通常来说可以选择所有的多边形面，将其设置为统一的光滑组，这样可以避免导入游戏引擎后出现光影投射问题。

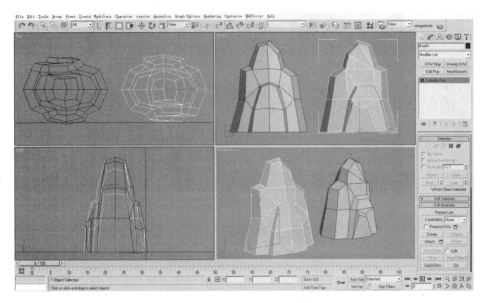

图 8-47　制作完成的岩石模型

模型制作完成后我们为岩石模型添加贴图，其实游戏场景中的山石模型要想制作的真实自然，40% 是靠模型来完成，而剩下 60% 都要靠模型贴图来完善，模型仅仅是创造出了石头的基本形态，其中的细节和质感必须通过贴图来表现，现在大多数游戏项目制作中对于山石模型贴图最为常用的类型就是"四方连续"贴图，所谓四方连续贴图就是指在 3ds MaxUVW 贴图坐标系统中，贴图在上下左右四个方向上可以实现无缝对接，从而达到可以无限延展的贴图效果，如图 8-48 所示。

179

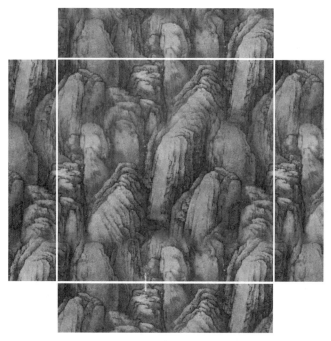

图 8-48　四方连续贴图的原理

　　如果想要让岩石模型更加生动自然，我们可以将岩石模型的 UV 网格进行平展，然后将网格线框图导出到 Photoshop 中进行绘制，绘制的时候需要根据 UV 网格中的山石模型结构进行对应绘制，最后完成的石质贴图与原模型一对一匹配，而这张贴图也无法应用于其他结构的山石模型。利用这种方法制作的岩石模型更具真实感和风格化，这里我们就利用这种方法为上面制作的岩石模型来绘制贴图，模型的贴图风格我们应用了中国风的水墨山石风格，如图 8-49 所示。

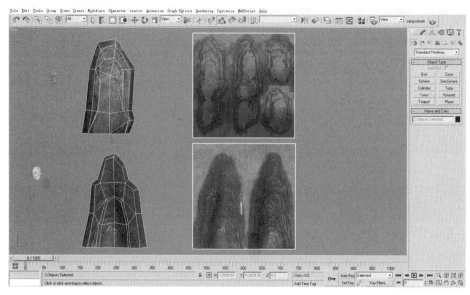

图 8-49　为岩石模型添加贴图

制作完成的岩石模型我们可以通过挤压、缩放等命令调整其比例结构，从而得到更多外观形态的岩石模型，如图 8-50 所示，我们对左侧的岩石模型进行向下挤压操作处理，对右侧的岩石则将其整体结构向上拉起压缩，这样我们就得到了另外两种形态的山石模型。

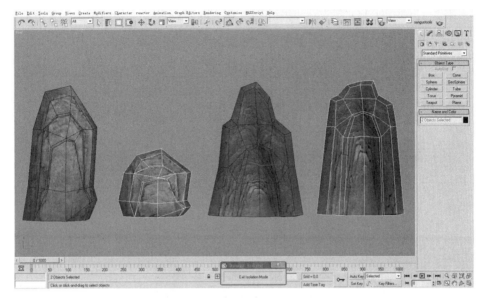

图 8-50　复制编辑新的岩石模型

接下来将上面制作的单体岩石模型进行拼接组合，得到更多形态各异的组合式岩石模型，右侧的岩石模型上我们还加入了松树模型，如图 8-51 所示。

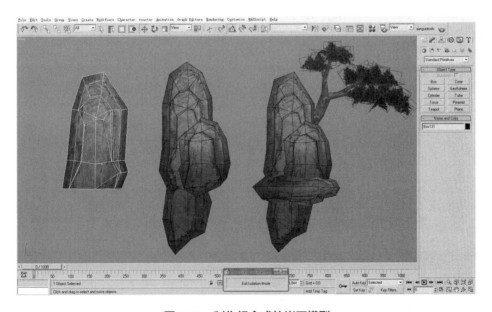

图 8-51　制作组合式的岩石模型

虽然在大型野外场景的制作中需要用到大量的单体岩石模型，但并不是每一块山石都需要独立制作，通常我们只会制作几块形态各异的单体岩石模型，通过旋转、缩放或排列组合等操作来得到其他形态的岩石模型，这种以少量资源来实现复杂化场景构建的思路是制作大型游戏场景的核心指导思想。

接下来我们利用同样的方法制作另外两块独立的岩石模型，分别用于场景瀑布上方和场景右侧的水潭中央，用来丰富场景细节，如图 8-52 和图 8-53 所示。

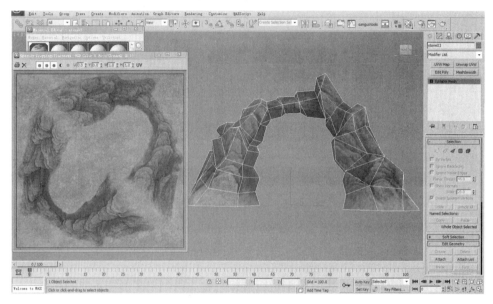

图 8-52　制作拱形岩石模型

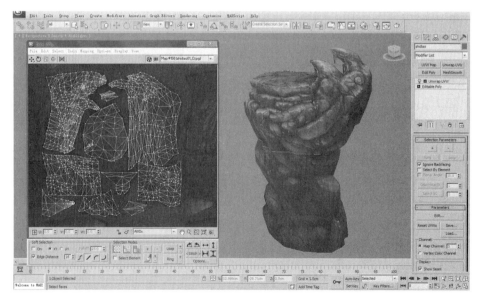

图 8-53　制作特殊纹理的岩石模型

8.1.4　植物模型的制作

下面讲解本章实例场景中的树木植物模型和草地植被模型的制作。我们可以尽量利用 Unity 引擎预置资源中提供的模型素材，另外还需要制作两种特殊类型的树木植物模型——巨树和竹林，下面来介绍具体的制作流程和方法。

图 8-54 是巨树模型的原画设定图，要制作植物模型必须从结构和形态两方面来把握。结构上这棵树有着粗壮的主干和地上根系，在支干的末端分生出众多的细枝和叶片，另外，在支干之间还连接缠绕着树藤。这棵树的整体形态呈发散的扇形，主干呈"S"形弯曲，根系像爪子一样紧紧地抓住地面，另外树干为褐色，树叶为红色。在后面的制作中，我们要按照这些特征去制作树木的根、干和叶片，下面开始具体制作。

图 8-54　巨树的原画设定图

首先，在 Photoshop 中绘制四种不同形态的枝干和叶片的 Alpha 贴图，为了节省贴图数量，我们可以将其合并在一张贴图上。然后将贴图赋予给 Plane 面片模型，并利用旋转复制的方式制作出十字插片模型，以备后用，这样通过不同形态的十字插片可以增加树木模型的真实性和多样性，如图 8-55 所示。

图 8-55　制作枝叶 Alpha 贴图面片

接下来制作树木的主干模型，在视图中建立 Cylinder（圆柱体）模型，设定好合适的分段，通常树干的立面分段设定为 8~12，横截面分段根据植物形态具体设定，然后通过编辑多边形命令将其制作成图 8-56 的形态，这里之所以选择圆柱体作为基础模型，主要是为了后面处理 UV 坐标时更加方便。

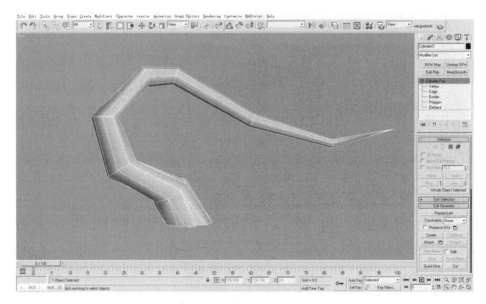

图 8-56　制作主干模型

利用同样的方法制作支干模型，支干的立面分段可以相应减少，如图 8-57 所示。

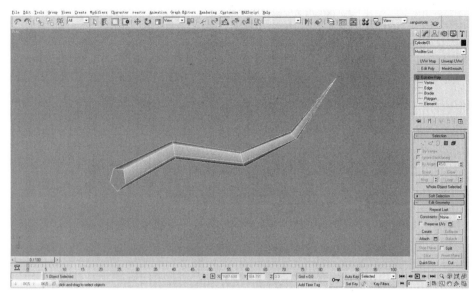

图 8-57　制作支干模型

利用缩放、复制等命令操作，将支干模型分布在主干的不同位置上，如图 8-58 所示。

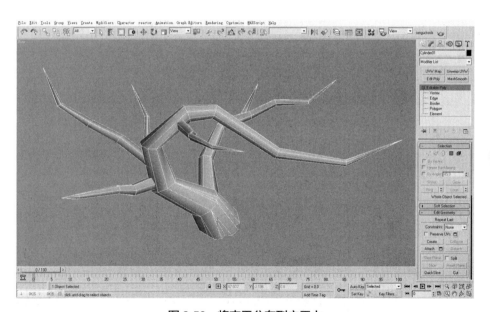

图 8-58　将支干分布到主干上

接下来从主干向下延伸，制作出树根模型，如图 8-59 所示。

185

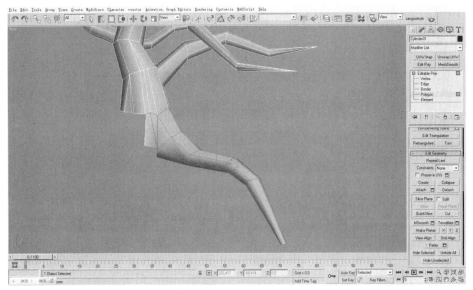

图 8-59　制作根系

我们按照同样的方法或利用复制的方式，制作出其他形态的树根，如图 8-60 所示，这样树木整体树干和根系的主体模型就制作完成了。

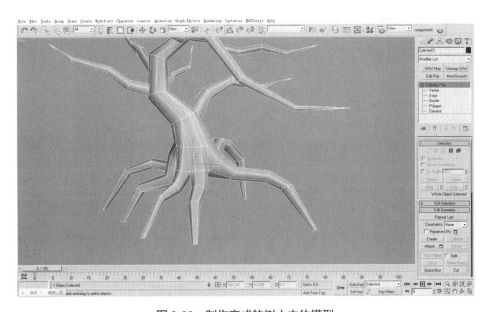

图 8-60　制作完成的树木主体模型

然后为树干和根系的主体模型添加贴图，这里我们选择了一张四方连续的树皮纹理贴图，如图 8-61 所示，因为之前是利用圆柱体模型制作的，所以对于模型的 UV 基本不需要太多操作，只要调整下 UV 和贴图的整体大小比例即可，另外可以适当处理一下根系与主干附近的贴图接缝。

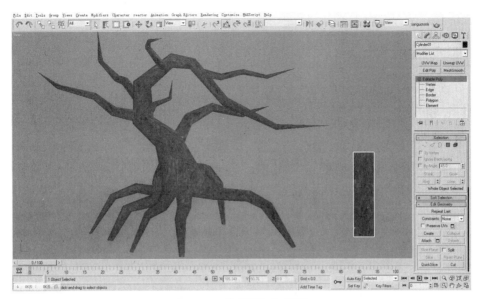

图 8-61　为模型添加贴图

接下来就是插片的过程了，首先我们从主干的末端开始插片，将之前制作好的十字片模型利用复制、缩放和移动命令，调整到图中的位置，保证面片模型中贴图的枝干与主干模型相接合，如图 8-62 所示。对于主干中间位置的十字片，我们可以整体放大面片模型。

图 8-62　进行插片操作

总体来说，十字插片的制作方法还是比较简单的，在插片的时候要时刻观察四视图，及时调整面片的位置，保证面片模型在各个视角中的形态美观，同时尽量减少十字片之间的穿插，如图 8-63 所示。

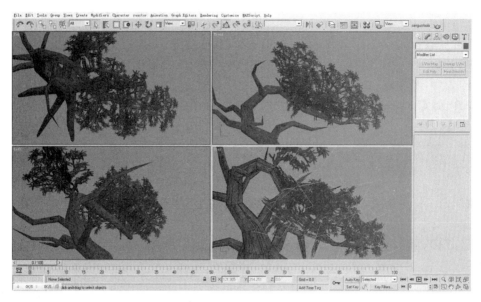

图 8-63　从四视图中调整面片位置

最后利用 Alpha 贴图制作出树藤的面片模型，将其穿插摆放在主干及支干之间，这样这棵树木模型的制作就完成了，最后效果如图 8-64 所示，全部模型还不足 1000 面，完全符合野外场景中大面积种植树木模型的要求。

图 8-64　制作完成的模型效果

最后还需要额外说明的就是双面贴图的制作方法，植物模型制作完成以后，在导入游戏引擎编辑器之前，三维美术师必须要在 3ds Max 中将植物带有 Alpha 贴图的模型部分处理成双面效果，最简单的方法就是勾选材质球设置当中的 "2-Sided" 选项（见图 8-65 左），这样贴图材质就有双面效果，虽然现在大多数的游戏引擎也支持这种设置，但这却是一种不可取的方法，主要是因为这种方式会大大加重游戏引擎和硬件的负载，因此在游戏公司实际项目制作中不提倡这种做法。

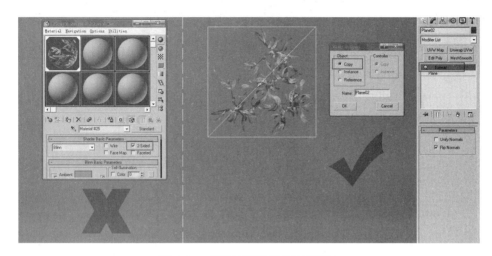

图 8-65　制作双面效果的正确做法

接下来我们再来制作竹林模型，制作竹林首先要制作单棵竹子的模型，竹子的制作方法与上面的巨树模型基本相同，都是利用"十字插片法"来制作，我们可以将竹子的枝叶制作成一张 Alpha 贴图，然后利用十字交叉的 Plane 面片分布在主干周围，如图 8-66 所示。

图 8-66　制作竹子枝叶 Alpha 面片

竹子的主干可以制作成自然弯曲的形态，枝叶面片分布要尽量均匀，多利用旋转、缩放等命令调整面片，让整体外观尽量真实自然，如图 8-67 所示。

图 8-67　单体竹子的模型效果

制作完单体竹子模型后，我们可以利用旋转复制和缩放复制等方式制作出其他几棵竹子模型，让其成组分布形成小片竹林的效果，如图 8-68 所示。

图 8-68　成组的竹林模型

之后我们可以将这一小片的竹林模型整体导出为 FBX 文件，然后导入 Unity3D 引擎编辑器中，通过合理的分布排列实现大面积的竹林效果，如图 8-69 所示。

图 8-69　导入 Unity 引擎中的竹林效果

8.2 Unity3D地形的创建与编辑

　　场景模型元素制作完成后，下一步我们就要在 Unity 引擎编辑器中创建场景地形，地形是游戏场景搭建的平台和基础，所有美术元素最终都要在引擎编辑器的地形场景中进行整合。创建地形之前首先需要在 Photoshop 中绘制出地形的高度图，高度图决定了场景地形的大致地理结构，如图 8-70 所示，图中黑色部分表示地表水平面，越亮的部分表示地形凸起海拔越高，高度图的导入可以方便后面更加快捷的进行地表编辑与制作。

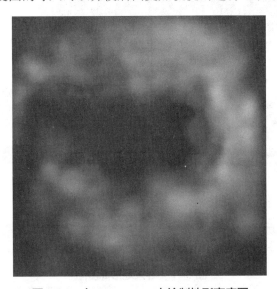

图 8-70　在 Photoshop 中绘制地形高度图

启动 Unity3D 引擎编辑器，首先通过 Terrain 菜单下的创建地形命令创建出基本的地表平面，然后单击 Terrain 菜单下的 Set Heightmap resolution 命令设置地形的基本参数，我们将地形的长、宽和高分别设置为 800、800 和 600，其他参数保持不变，然后单击 Set Resolution，如图 8-71 所示。

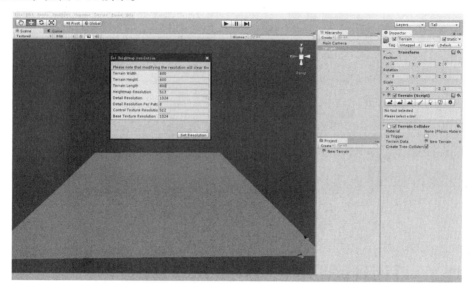

图 8-71　创建地形平面

地形尺寸设置完成后，我们通过 Terrain 菜单下的 Import Heightmap 命令来导入之前制作的地形高度图，如图 8-72 所示。

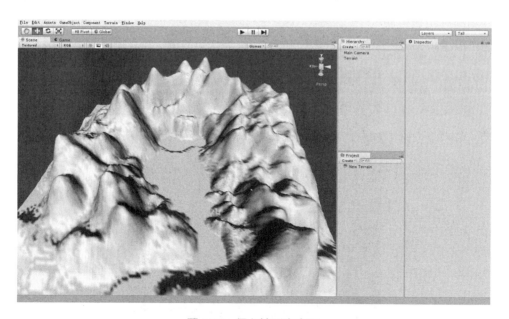

图 8-72　导入地形高度图

基本的地形结构创建出来后我们需要利用 Inspector 地形面板中的 Smooth Height 工具对地形进行柔化处理，这样做是为了消除高度图导入造成的地形中粗糙的起伏转折，如图 8-73 所示。

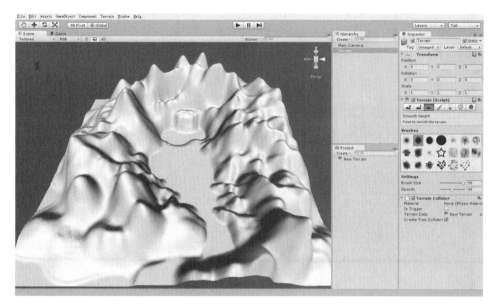

图 8-73　柔化地形

接下来通过地形面板中的绘制高度工具制作出山地中央的平坦地形，这是后面我们用来放置场景模型的主要区域，也是游戏场景中角色的行动区域，如图 8-74 所示。

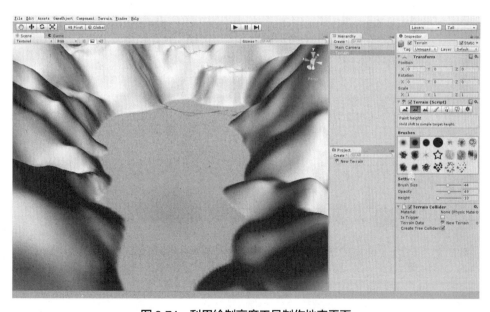

图 8-74　利用绘制高度工具制作地表平面

通过地形凹陷工具或者绘制高度工具制作出凹陷的地形结构，这里将作为水池区域，如图 8-75 所示。在地形绘制过程中可以反复利用柔化工具来进行处理，让地形结构的起伏更加自然柔和。

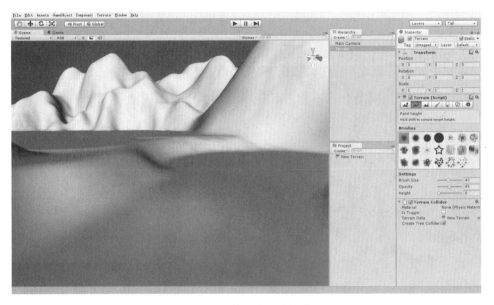

图 8-75　制作凹陷的水塘地形

在水池靠近山脉的一侧，用绘制笔刷制作出两个平台式地形结构，较低的平台用来放置巨树模型，较高的平台用来制作瀑布效果，如图 8-76 所示。

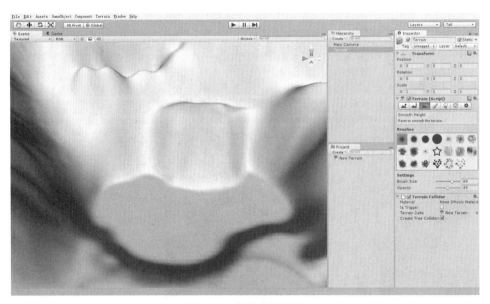

图 8-76　制作高地平台

基本的地形结构制作完成后，我们在地形面板中为地形添加导入一张基本的地表贴图，这里选择一张草地的贴图作为地形的基底纹理，在设置面板中将贴图的 X\Y 平铺参数设置为5，缩小贴图比例让草地纹理更加密集，如图8-77所示。

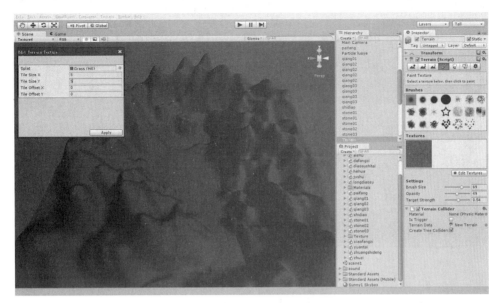

图 8-77　添加地表贴图

继续导入一张接近草地色调的岩石纹理贴图，选择合适的笔刷，在凸起的地形结构上进行绘制，这一层贴图主要用于过渡草地和后面的岩石纹理，如图8-78所示。

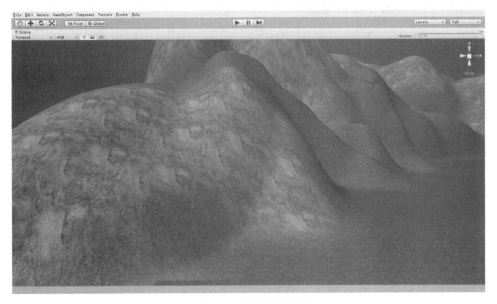

图 8-78　绘制过渡纹理

接下来导入一张质感坚硬的岩石纹理贴图，在地形凸起的区域进行小范围的局部绘制，形成山体的岩石效果，如图8-79所示。

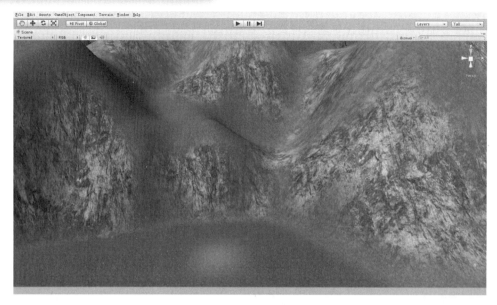

图 8-79　绘制岩石纹理

第四张地表贴图为石砖纹理贴图，用来绘制场景的地面区域，主要用作角色行走的道路，这里要注意调整笔刷的力度和透明度，处理好石砖与草地的衔接，如图 8-80 所示。

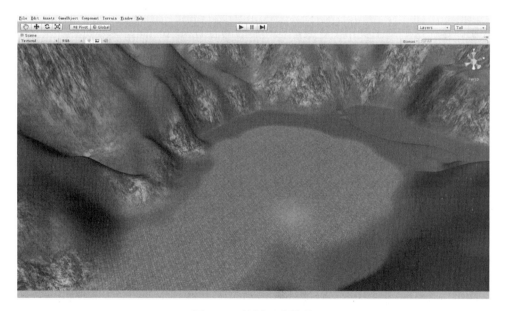

图 8-80　绘制石砖纹理

基本的地表贴图绘制完成后，我们启动地形面板中的植树工具模块，添加导入 Unity3D 预置资源中的基本树木模型，选择合适的笔刷大小以及绘制密度，在草地贴图区域范围内进行种树，如图 8-81 所示。

图 8-81　种植树木

在树木模型周围的草地贴图区域内进行草地植被模型的绘制，如图 8-82 所示。

图 8-82　添加草地植被

接下来在 Unity3D 引擎编辑器中通过 GameObject 菜单下的 Create Other 选项来创建一盏 Directional Light 光源，用来模拟场景的日光效果，利用旋转工具调整光照的角度，在 Inspector 面板中对灯光的基本参数进行设置，将 Intensity 光照强度设置为 0.8，选择光照的颜色，在阴影模式中选择 Soft Shadows，同时添加设置 Flare 耀斑效果，如图 8-83 所示。

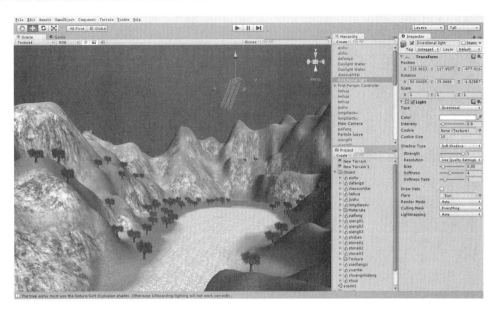

图 8-83　添加方向光光源

　　最后单击 Edit 菜单中的 RenderSettings 选项，在 Inspector 面板中添加 Skybox
Material，为场景添加天空盒子，如图 8-84 所示。这样整个场景的基本地形环境效果就制
作完成了。

图 8-84　添加天空盒子

8.3 模型的导入与设置

基本地形制作完成后，我们需要对之前制作的模型元素进行导出和导入的相关设置。首先需要将 3ds Max 中的模型文件导出为 FBX 格式文件，导出前需要在 3ds Max 中进行一系列的格式规范化操作。

第一步是调整模型的比例大小，在前面的章节中讲过关于模型比例可以在 3ds Max 中进行导出设置或在 Unity 引擎编辑器中进行设置，这里我们选择在 3ds Max 软件中来进行调整和设置。

首先打开 3ds Max 菜单栏 Customize（自定义）菜单下的 Units Setup 选项，单击 System Unit Setup 按钮，将系统单位设置为 Centimeters 厘米。接下来打开之前制作的场景模型文件，在模型旁边创建一个长、宽、高分别为 1、1、1.8 的 BOX 模型，用来模拟正常人体的大小比例，如图 8-85 所示。

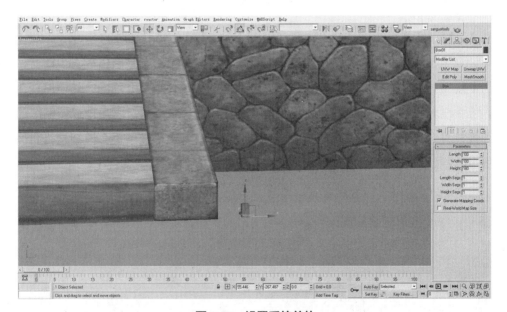

图 8-85 设置系统单位

我们发现建筑模型的整体比例大过 BOX 模型太多了，这时就需要根据 BOX 模型利用缩放命令调整建筑模型的整体比例，将其缩小到合适的尺寸，如图 8-86 所示。

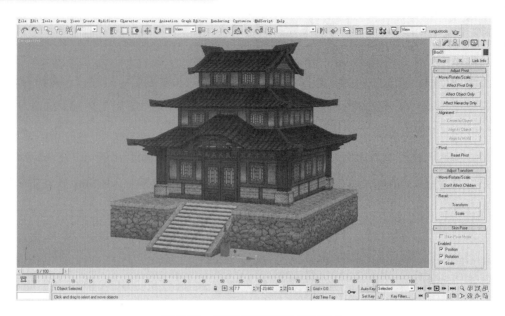

图 8-86　将模型缩放到适合的尺寸

在 3ds Max 工具面板中选择 Rescale World Units 工具，将导出时的 Scale Factor（比例因子）设置为 100，如图 8-87 所示，也就是说，在模型导出时会被整体放大 100 倍，这样做是为了模型导入 Unity 引擎编辑后保持与 3ds Max 中的模型尺寸相同，具体原理在第五章的内容中已经详细讲解过。最后在导出前我们还需要保证模型、材质球以及贴图的命名格式要规范且名称统一，检查模型的轴心点是否处于模型水平面中央，模型是否归位到坐标轴原点，一切都复合规范后我们就可以将模型导出为 FBX 格式文件了。

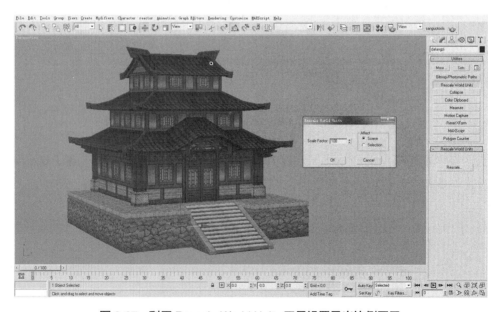

图 8-87　利用 Rescale World Units 工具设置导出比例因子

在将 FBX 文件导入到 Unity 引擎前，需要对 Unity 项目文件夹进行整理和规范，在 Assets 资源文件夹下创建 Object 文件夹，用来存放模型、材质以及贴图文件资源，Object 文件夹下分别创建 Materials 和 Texture 文件夹，分别存放模型的材质球文件和贴图文件，如图 8-88 所示。

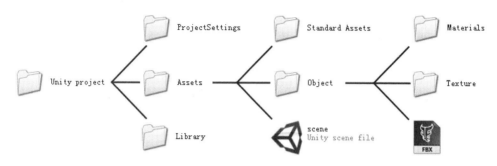

图 8-88　Unity 项目文件夹结构

接下来我们可以将 FBX 文件及贴图文件复制到创建好的资源目录中，然后启动 Unity 引擎编辑器，这样我们就能在 Project 项目面板中看到导入的各种资源文件了。下一步对导入的模型进行设置，选中项目面板中的模型资源，我们可以在 Inspector 面板中对模型的 Shader 中进行设置，如果出现贴图丢失的情况，可以重新指定贴图的路径位置，如图 8-89 所示。

图 8-89　将模型导入 Unity 引擎

本章实例场景中的模型都配有法线贴图，所以一般情况下选择 Bumped Diffuse 或者 Bumped Specular 这两种 Shader 模式，可以对贴图的固有色亮度、高光亮度以及高光范围进行设置。这里需要说明的是，我们对于模型材质的设置虽然是在模型的属性面板下进行的，但实际上我们调整的是场景中材质球的属性，所以一旦调整一个模型下的材质球属性，其他应用这个贴图的模型的材质球会关联变动。

另外，我们可以设置模型的碰撞盒，对于复杂结构的模型我们需要对碰撞区域进行单独制作，而对于模型数量较少且面数较少的模型，我们可以在 Inspector 面板中勾选 Generate Colliders 选项，这样整个模型就会以自身网格作为碰撞盒与玩家角色发生物理碰撞阻挡。

8.4 Unity3D场景元素的整合

场景地形创建完成，模型导入设置完毕，下一步我们就要对整个游戏场景的美术元素进行拼构和整合了。场景元素的拼购和整合从根本上来说就是让场景模型与地形之间进行完美的衔接，确定模型在地表上的摆放位置，实现合理化的场景结构布局。在这一步开始前通常我们会将所有需要的模型元素全部导入 Unity 引擎编辑器的场景视图，然后通过复制的方式随时调用适合的模型，实际制作的时候通常按照建筑模型、植物模型和岩石模型的顺序导入和摆放，下面开始实际制作。

首先将喷泉雕塑模型和圆形水池平台模型导入放置于场景中央，如图 8-90 所示，调整模型之间的位置关系，模型摆放完成后要利用地形工具绘制模型周边的地表贴图，保证模型和地表的完美衔接。

图 8-90　将喷泉雕塑及水池模型放置在场景中央

以喷泉和水池模型为中心，在其周围环绕式分布放置房屋建筑模型，左侧为一大一小建筑，右侧为三座小型房屋建筑，同样要修饰建筑模型周围的地表贴图，如图 8-91 所示。

图 8-91　布局房屋建筑模型

在场景入口的道路中间导入牌坊模型，如图 8-92 所示。

图 8-92　导入牌坊模型

在场景地面与水塘交界处构建起围墙结构，如图 8-93 所示，利用多组墙体模型组合构建，墙体模型之间利用塔楼做衔接，在中间设置拱门墙体。这样通过墙体结构将整体场景进行了区域分割，墙体可以阻挡玩家的视线，玩家靠近或穿过后会发现别有洞天，这也是实际游戏场景制作中常用的处理方法。

图 8-93　构建围墙结构

对于这种结构相对较小的场景模型，在引擎编辑器中进行移动、旋转等操作的时候要格外注意操作的精度，确保模型间穿插衔接不会出现穿帮现象，如图 8-94 所示。

图 8-94　墙体的衔接处理

建筑模型基本整合完成后，下面我们开始导入场景中的植物模型，首先将巨树模型放置在水塘靠近山体一侧的平台地形上，让树木的根系一半扎入地表内，一半裸露在地表之上，利用地形绘制工具处理好地表与植物根系的衔接，如图 8-95 所示。

图 8-95　导入巨树模型

导入成组的竹林模型，将其放置在房屋建筑后方的地表以及水塘边上，通过复制的方式营造大片竹林的效果，每一组模型都可以通过旋转、缩放等方式进行细微调整，让其具备真实自然的多样性变化，如图 8-96 所示。

图 8-96　大面积布置竹林模型

接下来在场景中导入各种岩石模型，在水塘中放置雕刻岩石模型，如图 8-97 所示，主要用来装饰水塘的地形结构。

图 8-97　导入岩石模型

在巨树模型后方的高地平台上放置拱形岩石模型，后面我们会在这里放置瀑布特效，如图 8-98 所示。

图 8-98　导入拱形岩石模型

将之前制作的各种单体岩石模型导入放置于地表山体之上，如图 8-99 所示，它们主要用来营造远景的山体效果，当设置场景雾效后，这些山体模型会隐藏到雾中，只会呈现外部轮廓效果。

图 8-99　制作远景山体效果

　　最后我们导入场景建筑附属的场景装饰模型，如大型房屋建筑门前的龙形雕塑抱鼓石（见图 8-100）及拱门墙体门口的装饰路灯模型（见图 8-101），这类场景装饰模型可以在场景中大量复制使用。

图 8-100　导入龙形雕塑模型

图 8-101　导入路灯模型

8.5　制作添加场景特效

在引擎编辑器中完成了建筑、植物、山石等模型的布局后，最后一步需要对游戏场景添加各种特效，为了进一步烘托场景氛围，增强场景的视觉效果。在本章的实例制作中，主要对场景添加水面和瀑布、喷泉、落叶等粒子特效，以及为整个场景地图添加雾效。

首先从项目面板中调用 Unity 预置资源中的 Daylight Water 水面效果，将其添加到场景视图中，利用缩放工具调整水面的大小尺寸，对齐放置在喷泉雕塑所在的水池中，因为是近距离观察的水面，我们将 Water Mode 设置为 Refractive 折射模式，如图 8-102 所示。

　图 8-102　制作水池水面效果

将刚刚设置的水面复制一份，放置于水塘中，调整大小比例，让水面与周围地形相接，然后在水面上放置成组的荷花植物模型，如图8-103所示。

从Unity项目面板中调用预置资源中WaterFall粒子瀑布，将其放置在地形山体顶部，让其形成下落的瀑布效果，设置Inspector面板中的粒子参数，将Min和Max Size分别设置为3和8，Min和Max Energy分别设置为3和5，然后调整瀑布的宽度，将Ellipsoid X值增大为8，这样就完成了流动粒子瀑布效果的制作，如图8-104所示。

接下来用同样的方法制作第二段瀑布，第二段瀑布是从巨树后方的高地平台上流下来的，将WaterFall复制一份，放置在拱形岩石模型中间，如图8-105所示。

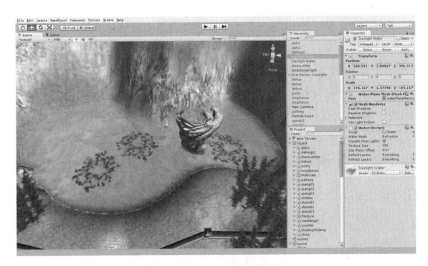

图8-103　制作水塘水面效果

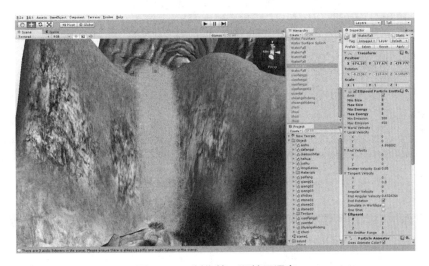

图8-104　制作第一段粒子瀑布

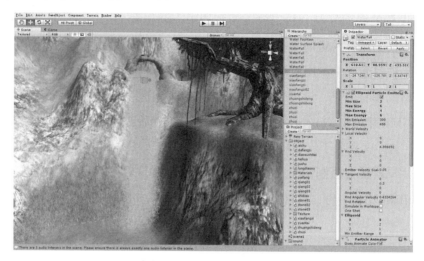

图 8-105　制作第二段粒子瀑布

第二段瀑布会直接流入水塘中，所以在瀑布与水面交界处需要放置水波浪花粒子特效，从项目面板中调用预置资源中的 Water Surface Splash，将 Min 和 Max Size 分别设置为 5 和 10，Min 和 Max Energy 分别设置为 60 和 100，特效的半径范围可以通过 Tangent Velocity Z 值来设定，这里我们将其设置为 6，如图 8-106 所示。

图 8-106　添加水波浪花粒子特效

从项目面板中调用预置资源中的 Water Fountain 粒子喷泉，将粒子发射器放置在喷泉雕塑顶端，在 Inspector 面板中设置粒子参数，将 Min 和 Max Size 分别设置为 1 和 2，Min 和 Max Energy 分别设置为 2 和 3，Min 和 Max Emission 分别设置为 200 和 300，Local

Velocity Y 值可以设置喷泉的高度，我们将其设置为 15，如图 8-107 所示。

图 8-107　制作顶部喷泉效果

接下来制作立柱下方兽面石刻流出的喷泉效果，这里利用 WaterFall 来模拟喷泉，将 Min 和 Max Size 分别设置为 0.5 和 1.5，Min 和 Max Energy 分别设置为 1 和 3，Min 和 Max Emission 分别设置为 100 和 300，Local Velocity Z 值可以设置喷射的距离，将其设置为 3.7，Rnd Velocity 可以设置喷泉下端的发散效果，将 X、Y、Z 都设置为 -1，如图 8-108 所示。

图 8-108　制作底部喷泉效果

我们只需要制作一侧的喷泉效果，另外三面可以通过复制、选择调整完成，如图 8-109 所示。

图 8-109　利用复制完成其他三面的粒子喷泉

然后我们来制作巨树的落叶粒子效果，如图 8-110 所示，具体的参数设置在粒子系统章节中已经详细讲解过，这里就不再过多涉及。

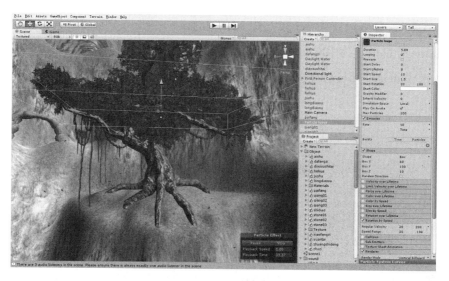

图 8-110　制作落叶粒子效果

最后我们为整个场景设置雾效，雾效可以让场景具有真实的大气效果，让场景的视觉展现更富层次感，这也是游戏场景中必须要设置的基本特效。单击 Unity 引擎编辑器的 Edit 菜单，选择 RenderSettings 选项，在 Inspector 面板中勾选 Fog 激活雾效，Fog Color 可以设置雾的颜色，通常设置为淡蓝色，Fog Mode 设置为 Linear，Fog Density 密度设置为 0.1，然后将雾的起始距离设置为 50-500，也就是将玩家视线 50 单位以外到 500 单位内产生雾效，如图 8-111 所示。

图 8-111　添加场景雾效

8.6　场景音效与输出设置

在整个游戏场景制作完成后，我们需要为场景添加音效和背景音乐，在这个场景中最为突出的音效就是喷泉和瀑布的水流声，下面我们以此为例来介绍音效的添加方法。

首先在 Unity 项目文件夹 Assets 目录中创建 Sound 或 Music 文件夹，我们可以将音效或背景音乐的音频文件复制进去，然后可以在 Unity 引擎编辑器中随时调用这些音频文件。

Unity 的游戏音效是以场景中游戏对象为载体，通过添加 Audio Source 控制器来实现音效的添加。我们选中喷泉雕塑周围的圆形石台，通过 Component 组件菜单下的 Audio 选项添加 Audio Source 控制器，在 Audio Clip 中添加喷泉的音效文件，勾选 Play On Awake 和 Loop 选项如图 8-112 所示，这样当玩家角色在场景中靠近石台时就会听到喷泉的水流音效了。

图 8-112　添加喷泉音效

213

用同样的方法，我们将瀑布的水流音效添加到靠近水塘岸边的荷花植物模型上，如图 8-113 所示。对于音频所附属的游戏对象的选择并不是唯一的，可以根据场景的需要进行合适的选择。

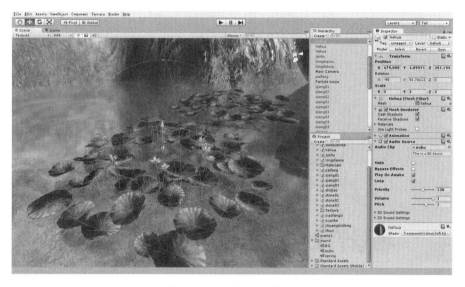

图 8-113　添加瀑布音效

接下来我们为整个游戏场景添加背景音乐，首先需要在场景视图中创建第一人称角色控制器，这可以从项目面板的预置资源中调取，一个场景内的游戏背景音乐通常是唯一的，而且只能通过针对角色控制器来添加。通过 Component 组件菜单下的 Audio 选项为第一人称角色控制器添加 Audio Source 组件，然后将背景音乐的音频文件添加到 Audio Clip 中，如图 8-114 所示。

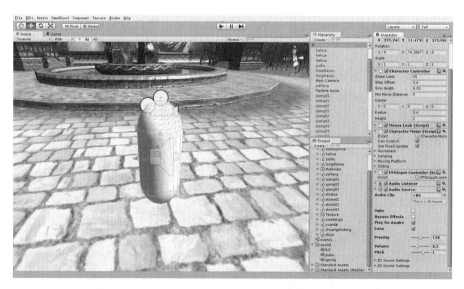

图 8-114　导入第一人称角色控制器并添加背景音乐

以上操作完毕后，单击 Unity 工具栏中的播放按钮启动游戏场景，这样就可以通过角色控制器来查看整个游戏场景了，但这时我们发现游戏场景中并没有播放音效和背景音乐，因为虽然我们在场景中设置了音频的输出，但由于没有设置音频的收集模块，所以在实际的游戏运行中不会听到任何声音。解决的方法很简单，我们只要通过 Component 组件菜单下的 Audio 选项为第一人称角色控制器添加 Audio Listener 组件，当再次运行游戏时游戏音效和背景音乐就可以完美收听了。

最后我们将制作的游戏场景进行简单的发布输出设置，单击 File 菜单下的 Build Settings 选项，在弹出的面板左下方窗口中选择 PC and Mac 选项，在窗口右侧选择 Windows 模式，然后单击右下角的 Build 按钮，这样整个游戏场景就被输出成了 .exe 格式的独立应用程序，运行程序在首界面可以选择窗口分辨率和画面质量，单击 Play 按钮就可以启动游戏了，如图 8-115 所示。

图 8-115　最终的游戏场景运行效果

CHAPTER

9

Unity3D室内综合场景实例制作

在三维游戏尤其是网络游戏当中，对于一般的场景建筑仅仅是需要利用它的外观去营造场景氛围，通常不会制作出建筑模型的室内部分，但对于一些场景中的重要建筑和特殊建筑，有时需要为其制作内部结构，这就是我们所说的室内场景。现在很多游戏中流行的地下城和副本场景更是将室内场景发挥到了一个极致，因为对于地下城和副本来说，它们根本就没有外观建筑模型，玩家整个体验过程都是在封闭的室内场景中完成的，这种全室内场景模型的制作方法也与室外建筑模型有着很大的不同，如图9-1所示。

图9-1　游戏中的地下城室内场景

那么，究竟室外建筑和室内场景在制作上有什么区别呢？我们首先来看制作的对象和内容，室外建筑模型主要是制作整体的建筑外观，它强调建筑模型的整体性，在模型结构上也偏向于以"大结构"为主的外观效果，而室内场景主要是制作和营造建筑的室内模型效果，它更加强调模型的结构性和真实性，不仅要求模型结构制作更加精细，同时对于模型的比例也有更高的要求。

我们再来看在实际游戏中两者与玩家的交互关系，室外建筑模型对于游戏中的玩家来说都显得十分高大，在游戏场景的实际运用中也多用于中景和远景，即便玩家站在建筑下面也只能看到建筑下层的部分，建筑的上层结构部分也成为等同于中景或远景的存在关系。正是由于这些原因建筑模型在制作的时候无论是模型面数和精细程度上都要求精简为主，以大效果取胜。而对于室内场景来说，在实际游戏环境中玩家始终与场景模型保持十分近的距离关系，场景中所有的模型结构都在玩家的视野距离之内，这要求场景中的模型比例必须要与玩家角色相匹配，在贴图的制作上要求结构绘制更加精细、复杂与真实。

综上所述，我们总结出室内场景有如下特点。

（1）整体场景多为全封闭结构，将玩家与场景外界阻断隔绝（见图9-2）。

图 9-2 封闭式的室内场景

（2）更加注重模型结构的真实性和细节效果（见图 9-3）。

图 9-3 华丽风格的室内场景结构

（3）更加强调玩家角色与场景模型的比例关系（见图 9-4）。

图 9-4　玩家与场景模型的比例

（4）更加注重场景光影效果的展现（见图 9-5）。

图 9-5　室内场景的光影效果

（5）对于模型面数的限制可以适当放宽（见图 9-6）。

图 9-6　模型面数较大的室内场景

在游戏制作公司中，场景原画设计师对室外场景和室内场景的设定工作有着较大的区别。室外建筑模型的原画设定往往是一张建筑效果图，清晰和流畅的笔触展现出建筑的整体外观和结构效果。室内场景的原画设定，除了主房间外通常不会有很具体的整体效果设定，原画师更多的会提供给三维美术师室内结构的平面图，还有室内装饰风格的美术概念设定图，除此之外并没有太多的原画参考，这就要求三维场景美术师要根据自身对于建筑结构的理解进行自我发挥和创造，在保持基本美术风格的前提下，利用建筑学的知识对整体模型进行创作，同时参考相关的建筑图片来进一步完善自己的模型。对于三维游戏场景美术师来说，相关的建筑学知识是以后工作中必不可缺的专业技能，不仅如此，游戏美术设计师本身就是一个综合性很强的技术职业，要利用业余时间多学习与游戏美术相关的外延知识领域，只有这样才能为自己的游戏美术设计师的成功之路打下坚实的基础。

9.1　场景模型的制作

本章的实例内容是在 Unity 中制作一个封闭的室内场景，整体制作分为两大步，首先在 3ds Max 中制作场景模型，然后导入 Unity 引擎中进行整体场景的拼建。在 3ds Max 中首先要制作出场景的整体结构框架，然后通过场景装饰模型丰富场景细节，最后再来制作场景中需要用到的各种场景道具模型。下面我们开始本章场景模型的制作。

首先制作室内场景的基本墙体结构，在 3ds Max 视图中创建一个 18 边的基础圆柱体模型，塌陷为可编辑多边形，删除顶面和底面，然后将剩余所有圆柱侧面的法线反转，通过编辑多边形命令制作成上下两层的室内结构，如图 9-7 所示。

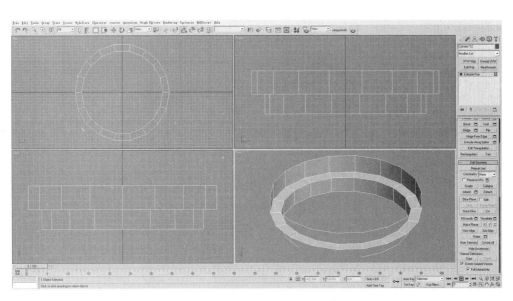

图 9-7　利用圆柱体制作墙壁结构

进入多边形边层级，选中下层墙体的所有纵向边线，通过Connect命令添加横向分段，然后通过多边形编辑，制作出墙围基石的模型结构，如图9-8所示。

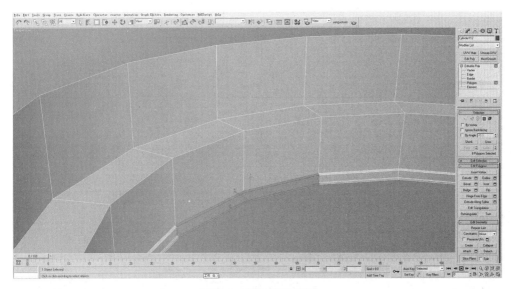

图 9-8　制作墙围结构

下一步我们制作室内的地面模型结构。选中刚刚制作的墙体模型，进入多边形 Edge 层级，选择下面的边缘，利用 Cap 命令制作出底面，然后进入多边形面层级，选择刚刚制作出的底面，通过 Detach 命令将其分离，这样就得到地面的基础模型。然后对其进行多边形编辑，在面层级下利用 Inset 命令逐级向内收缩，制作地面的分段层次结构，将中间的环形面利用 Bevel 命令向下挤出，让地面结构富有凹凸起伏变化，如图9-9所示，另外每一个环形地面结构要注意包边的制作，方便后期利用贴图来丰富结构细节。

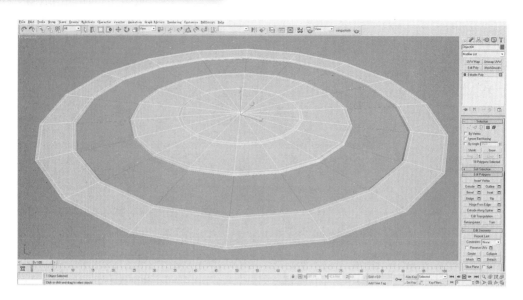

图9-9　制作场景地面

　　接下来制作场景内部的立柱模型，在视图中创建8面的基础圆柱体模型，将其塌陷为可编辑的多边形，通过Connect连接切线、Extrude挤出和倒角等命令制作出立柱下方的柱墩以及上方的立柱结构，如图9-10所示。

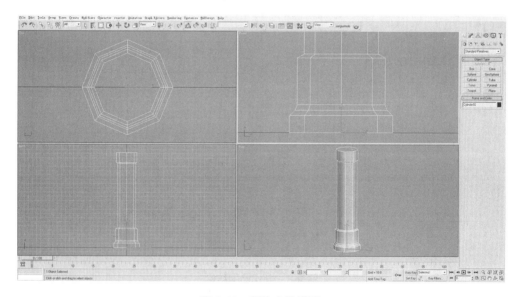

图9-10　制作立柱模型

　　然后我们将制作完成的立柱模型复制一份，在上方以及两侧制作添加装饰结构，并将立柱中间正面制作出内凹的模型结构，如图9-11所示，我们将图中左侧的立柱模型作为室内下层的支撑立柱，右侧为上层的支撑立柱。场景中的立柱结构一方面作为支撑结构，让整体建筑具有客观性和真实性；另一方面立柱作为装饰结构，用来丰富场景细节。

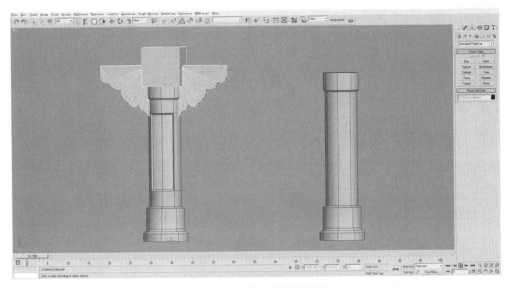

图 9-11　制作立柱装饰结构

　　将场景的墙体和地面模型对齐拼接到一起，然后将立柱模型与墙体的一条纵向边线对齐，进入 3ds Max 层级面板，将立柱的 Pivot 轴线点对齐到地面中心，通过旋转复制的方式快速制作出其他的立柱模型，如图 9-12 所示。

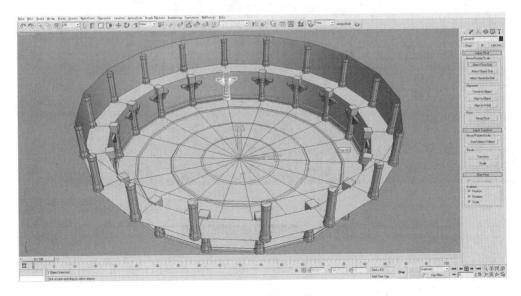

图 9-12　复制立柱

　　在 3ds Max 视图中创建 Tube 圆管基础模型，通过多边形编辑，调整模型点线，制作出下层立柱之间的连接横梁结构以及上层立柱下方的墙面基石结构，如图 9-13 所示。

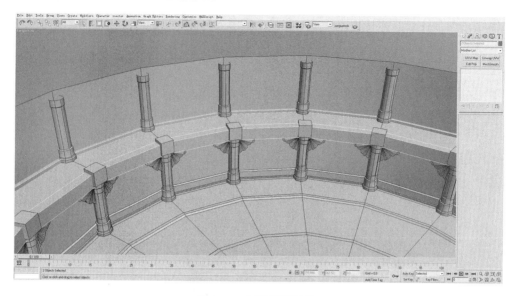

图 9-13　制作横梁结构

室内的整体框架模型制作完成后，接下来为模型添加贴图，墙面为四方连续的石砖贴图，立柱和横梁都为带有雕刻纹理的贴图，如图 9-14 所示。

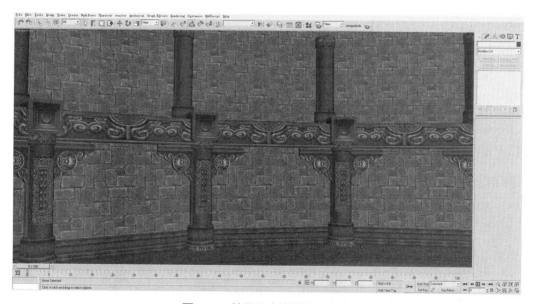

图 9-14　墙面和立柱模型的贴图

地面外围为木质贴图，中间为石砖贴图，内圈为带有雕刻纹理的石质贴图，最中心是一张带有完整图案的独立贴图，如图 9-15 所示。

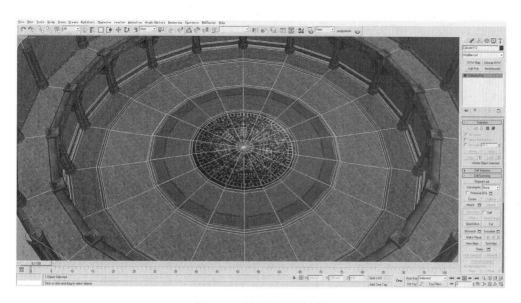

图 9-15　地面的贴图处理

在上层墙体的立柱之间制作添加窗口装饰模型，如图 9-16 所示。图 9-17 为室内场景整体贴图完成后的效果。

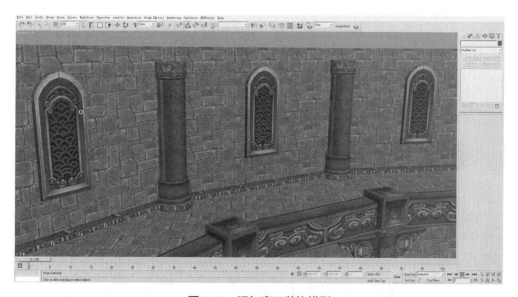

图 9-16　添加窗口装饰模型

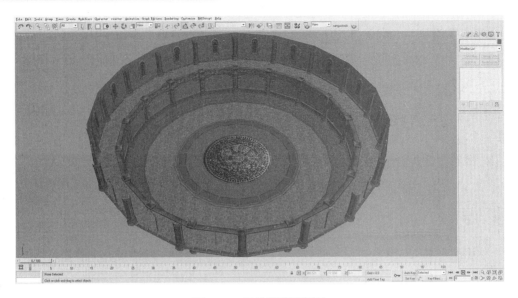

图 9-17　最终的贴图效果

下面我们制作室内的屋顶结构，在 3ds Max 视图中创建一个半球模型，将半球顶部的多边形面删除，上方再创建一个完整的半球模型，两个半球之间利用 Tube 模型结构相衔接，如图 9-18 所示。因为要作为室内结构，所以要将模型整体进行法线反转，这样室内屋顶的模型结构就制作完成了。

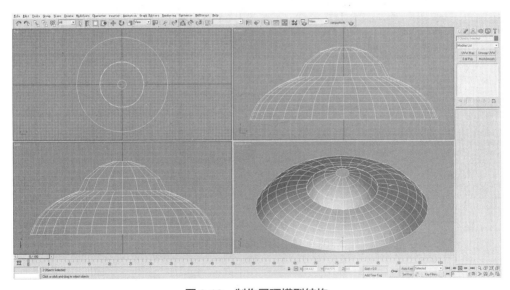

图 9-18　制作屋顶模型结构

然后为屋顶模型添加贴图，在下层半球上我们添加一张带有雕刻纹理的石砖四方连续贴图，如图 9-19 所示。再为顶层半球添加一张带有星座图案的完整独立贴图，如图 9-20 所示。

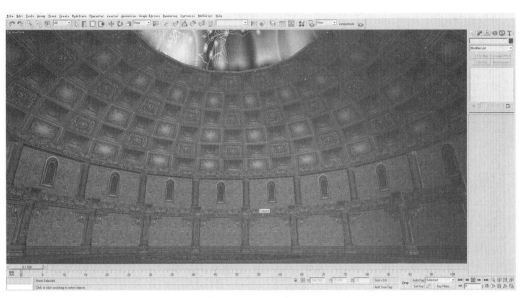

图 9-19　屋顶的石砖贴图效果

图 9-20　穹顶的贴图效果

接下来我们在视图中导入一个已经制作完成的望远镜场景道具模型，模型主要由镜筒和底座两部分构成，如图 9-21 所示。

图 9-21　望远镜模型

其实，望远镜作为场景道具模型并不能在 3ds Max 中整合到室内场景里，最后需要单独进行导入，在 Unity 引擎编辑器中进行场景拼合，这里我们将其导入到场景中是为了制作与望远镜相关的室内场景结构。将望远镜模型放置到地面的合适位置上，参照其底座位置制作出望远镜下方的地面平台模型并为其添加贴图，如图 9-22 所示。

图 9-22　制作地面平台结构

然后在镜筒与墙面相交的位置制作出窗体结构，让望远镜模型可以合理延伸到室内建筑外面，如图 9-23 所示。接下来在与望远镜相对的下层墙壁上制作出室内房间的正门结构，如图 9-24 所示。

图 9-23　制作墙面窗口结构

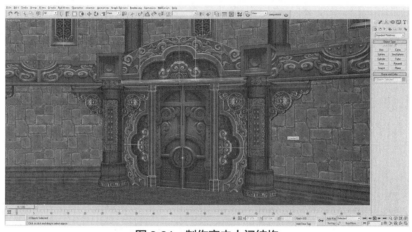

图 9-24　制作室内大门结构

除此以外还需要制作一些其他的场景道具模型，如水晶、地球仪、石像雕塑、书橱等，如图 9-25 所示，这些场景道具模型我们会在 Unity 引擎编辑器中导入调用，在室内场景中进行整合摆放。下面我们简单讲解一下场景道具模型的制作流程。

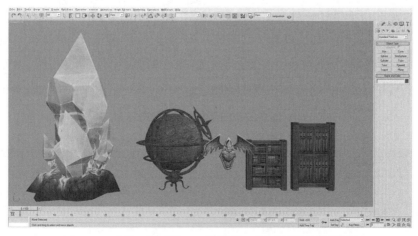

图 9-25　水晶、地球仪、石像雕塑、书橱等场景道具模型

229

关于水晶模型首先要利用八边形圆柱体来制作其基础的模型结构，如图9-26所示。

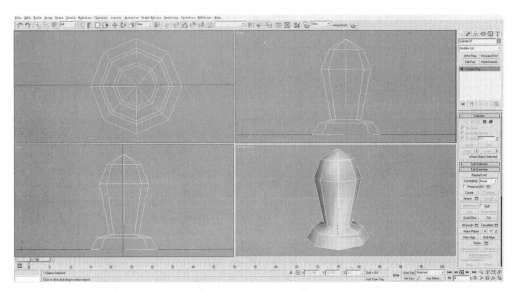

图9-26　制作水晶基础模型

然后通过编辑多边形命令细化模型结构，通过 Cut 命令切割布线，制作出水晶棱角结构，布线没有固定的模型，尽量自然即可，如图9-27所示。

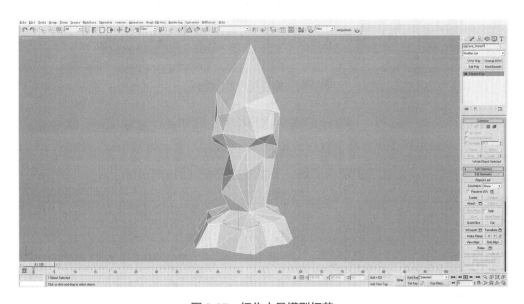

图9-27　细化水晶模型细节

接下来进入多边形面层级，选中水晶底座上方的晶体结构并复制出一份，如图 9-28 所示。然后将复制出的晶体结构通过旋转、缩放、复制等命令摆放到水晶底座上，作为周边的水晶结构，如图 9-29 所示。

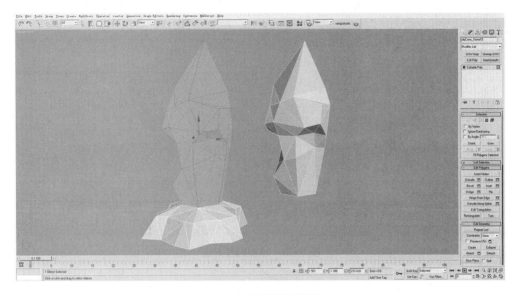

图 9-28　复制模型结构

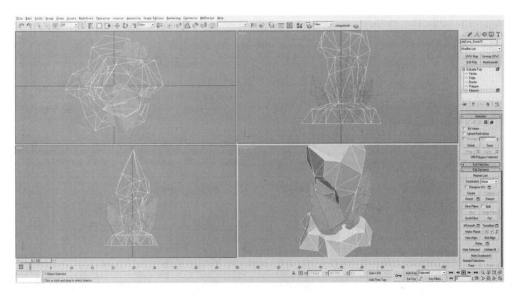

图 9-29　制作周边水晶结构

最后将水晶模型的 UV 进行平展，为其添加贴图，如图 9-30 所示。

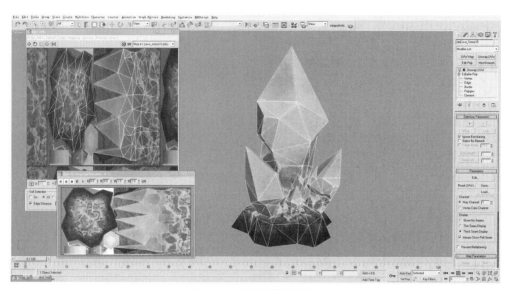

图 9-30　添加模型贴图

地球仪的模型主要由四部分配件构成：中心的球体、周围的圆环结构、底座以及指针装饰。主要通过圆环结构拼构出球体周围的主体框架，如图 9-31 所示。

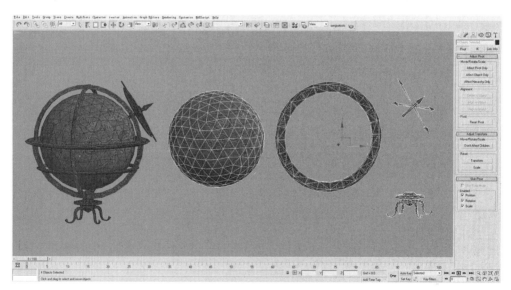

图 9-31　地球仪模型的结构

雕塑模型首先制作墙壁底座结构，然后再制作出人形雕塑模型，最后制作两侧的翅膀和中间的水晶装饰，如图 9-32、图 9-33 和图 9-34 所示。

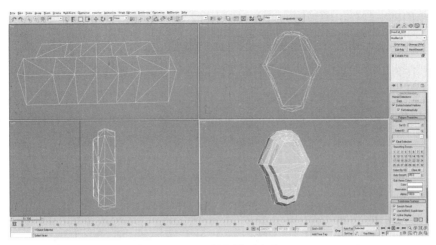

图 9-32　制作模型底座

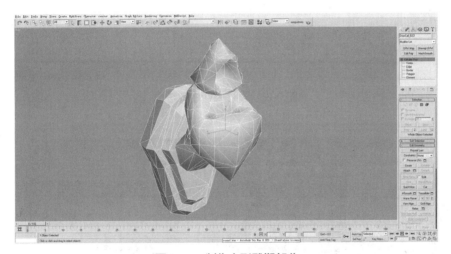

图 9-33　制作人形雕塑部分

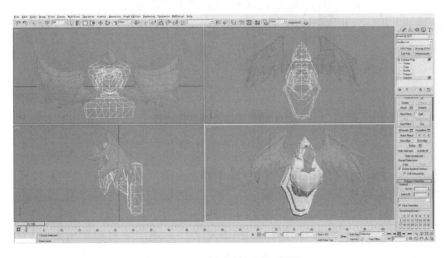

图 9-34　制作翅膀和水晶装饰

233

最后我们再来制作书橱模型，首先利用BOX模型搭建出基本的框体结构，如图9-35所示。然后为其添加贴图，书橱的每一层平面中添加一张密布书籍的贴图，然后根据贴图的结构，制作突出的书籍模型，这样丰富了模型细节，让其更具真实感，如图9-36所示。

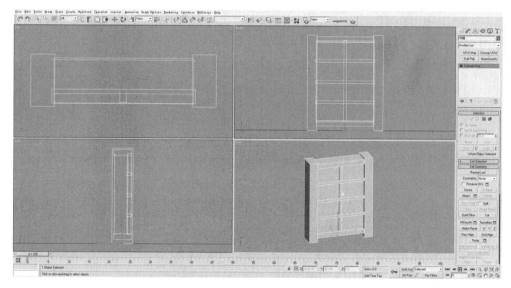

图9-35　制作书橱模型结构

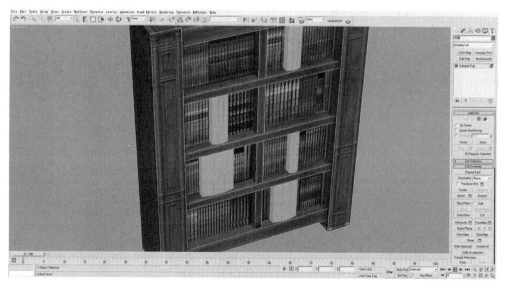

图9-36　添加贴图制作细节

9.2　场景资源优化处理

场景模型制作完成后，在正式导出为FBX文件前还需要对模型资源进行优化处理，因为在模型的制作过程中我们是利用完整的几何体来进行编辑制作的，当这些模型真正拼合到场景中时会由于室内场景的空间和结构发生相互遮挡，例如模型与室内场景地面相接的底部，或者模型靠近墙面的多边形面，这些多边形的面片结构会出现在玩家视角永远不可能看到的死角区域，我们需要对这些面片进行删除，以保证资源导入引擎后的优化显示。每个模型结构被删除的面片可能并不很多，但随着模型数量的增加，这些优化处理将显得极为必要。

首先选中室内场景上层立柱和横梁插入到墙壁内的多边形面片结构，如图 9-37 所示。可以利用顶视图来快速选取，如图 9-38 所示，我们发现全部被选择的多边形面有 300 余面，而这仅是对于场景上层结构的优化，所以累计来看删除废面是非常必要的一步。

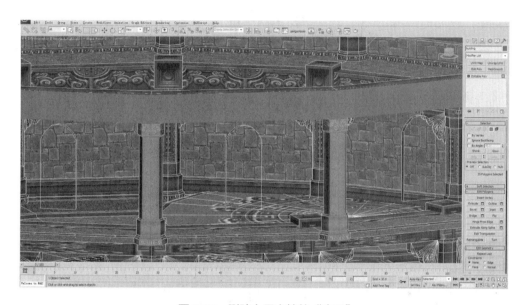

图 9-37　删除上层立柱的"废面"

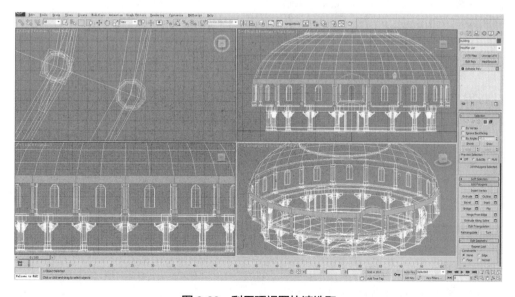

图 9-38　利用顶视图快速选取

用同样的方法选择删除场景下层装饰立柱与横梁或与墙面相交的多边形面并进行删除操作，如图9-39所示。

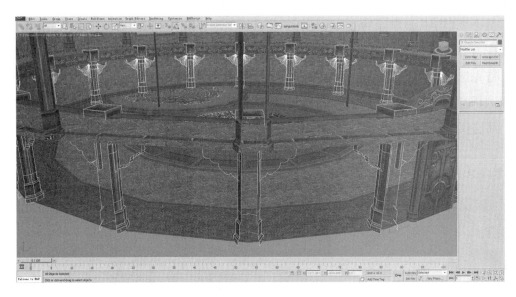

图9-39　删除下层立柱和横梁的"废面"

除了室内场景模型外，场景道具模型也需要对其进行优化处理，例如望远镜模型延伸到场景外面的镜头部分，我们可以将面片选中并进行删除，如图9-40所示。

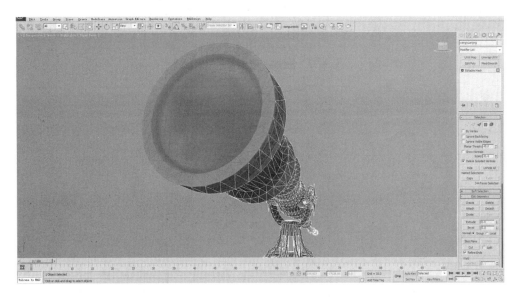

图9-40　优化望远镜模型

模型资源优化处理结束后，下面就可以将模型进行导出操作了。将模型从3ds Max中导出前需要对系统单位以及比例大小进行设置，打开3ds Max菜单栏Customize（自定义）

菜单下的 Units Setup 选项，单击 System Unit Setup 按钮，将系统单位设置为 Centimeters 厘米，如图 9-41 所示。

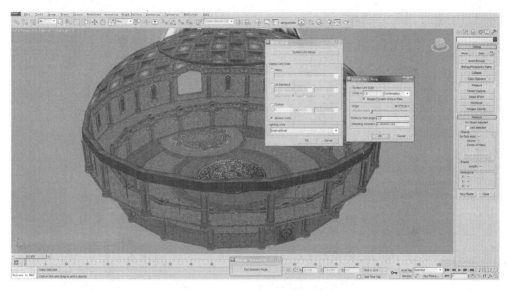

图 9-41　设置 3ds Max 系统单位

接下来在室内场景视图中创建一个长宽高分别为 50、50、180 的 BOX 模型，用来模拟正常人体的大小比例，如图 9-42 所示。我们会发现相对于模拟人体，场景的整体比例太小了，所以需要利用缩放工具对所有场景模型进行等比例的整体放大，如图 9-43 所示。

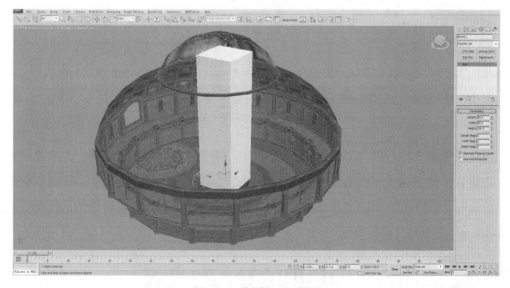

图 9-42　创建 BOX 模型

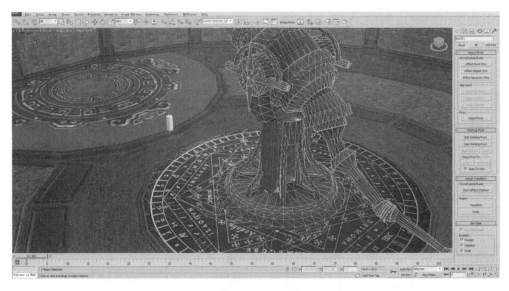

图 9-43　将场景模型缩放到合适的比例

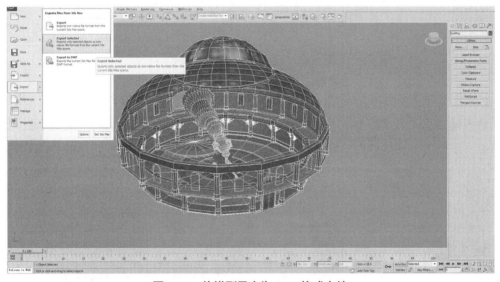

图 9-44　将模型导出为 FBX 格式文件

　　调整好模型比例后就可以对其进行导出了，将所有模型的 Pivot 轴心点归置到模型的中心位置，然后将模型位置调整到坐标系原点（0,0,0,），将模型的名称与模型材质球名称相统一，然后选择 File 文件菜单下的 Export 选项，逐一选择需要导出的模型，利用 Export Selected 命令将模型导出为 FBX 格式文件，如图 9-44 所示。

9.3　Unity3D模型的导入与设置

　　场景资源导出完成后，我们启动 Unity3D 引擎编辑器，首先单击 File 菜单下的 New Project 创建新的游戏项目，在弹出的面板中设置项目文件夹的路径位置并导入 Unity 预置资源。然后打开创建的项目文件夹，在 Assets 资源文件中创建 Object 文件夹，用来存放 FBX 模型以及贴图资源，如图 9-45 所示，Object 文件夹下的 Textures 文件夹用来存放模型贴图，Materials 文件夹是系统自动生成的存放模型材质球的位置。

图 9-45　创建项目文件夹

将各种资源文件复制到 Assets 目录下后，我们就可以在 Unity 引擎的 Project 项目面板中进行查看和调用了。接下来将室内场景模型以及各种场景道具模型用鼠标从项目面板拖曳到 Unity 场景视图中，如图 9-46 所示。由于室内场景都是在封闭的空间中，所以在利用 Unity 编辑器进行制作的时候无需创建 Terrain 地形，接下来的所有操作都是在制作好的室内场景模型中进行搭建和拼接。

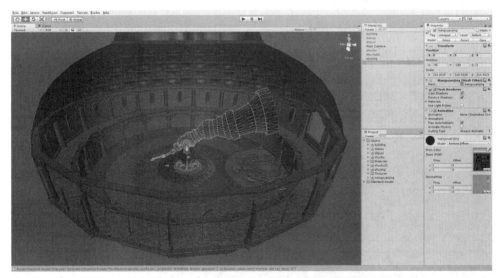

图 9-46　将模型导入到 Unity 场景视图

在默认状态下场景中没有任何的光源，这时场景中的模型都显得比较灰暗，我们需要创建一个基本光源，方便我们在视图中操作与查看。单击 GameObject 游戏对象菜单，在 Create Other 选项下创建一盏 Point Light 点光源，在 Inspector 面板中将光源的 Range（范围）设置为 80，将 Intensity（强度）调大到 5，如图 9-47 所示。这个光源并不是最终我们对场景的布光设置，只是为了简单的照亮场景。

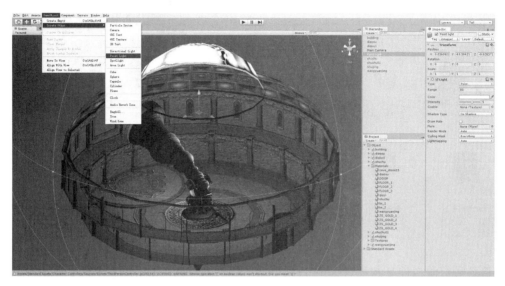

图 9-47　创建点光源照亮场景

在场景模型整合摆放前需要对所有导入的场景模型进行材质 Shader 的设置，我们可以在项目面板中选择模型，然后在 Inspector 面板中对其材质和贴图参数进行设置，也可以在项目面板中直接选择模型对应的材质球进行设置。首先在项目面板 Materials 目录下选择望远镜模型的材质球，然后将 Shader 设置为 Bumped Specular 法线高光模式，设置其主色调和高光颜色，同时利用 Shininess 参数设置高光的反光区域范围，如图 9-48 所示。

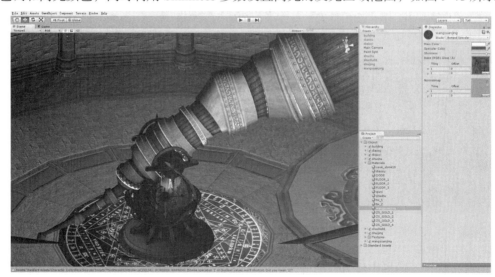

图 9-48　设置望远镜材质 Shader

利用同样的方法对其他模型的 Shader 进行设置，将书橱和地球仪模型的材质球 Shader 设置为 VertexLit 顶点模式，分别设置材质的主色调、高光色、自发光颜色以及高光的反射范围，如图 9-49 所示。

图 9-49　设置书橱和地球仪模型的 Shader

接下来将水晶模型的材质 Shader 设置为 Self-Illumin/Bumped Diffuse（自发光法线贴图模式），如图 9-50 所示。将雕塑模型的材质 Shader 设置为 Bumped Specular 模式，如图 9-51 所示。由于最终整体场景的主光源为蓝绿色，所以这里在所有的 Shader 设置中我们尽量将高光反射颜色都设置为绿色。

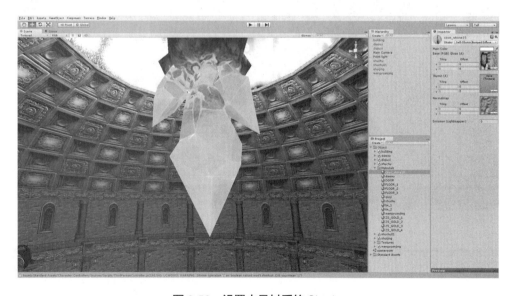

图 9-50　设置水晶材质的 Shader

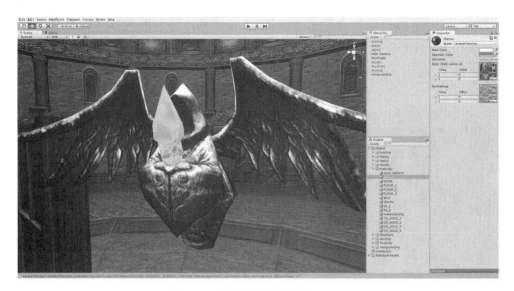

图 9-51　设置雕塑模型材质 Shader

　　场景道具模型设置完毕后，接下来我们开始设置主体场景模型的材质 Shader。将场景中所有雕刻装饰结构的贴图 Shader 都设置为 Bumped Specular 模式，例如立柱、横梁、大门、窗户模型等，法线高光模式可以强调出雕刻结构的纹理凹凸质感。将地面和墙体的石砖材质 Shader 设置为 Bumped Diffuse 模式，如图 9-52 所示。

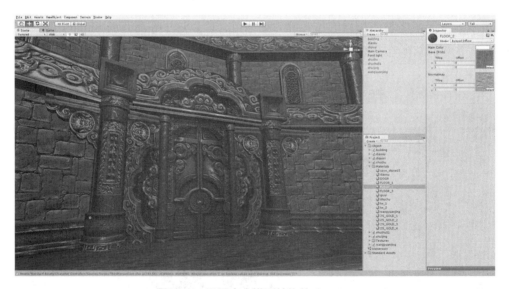

图 9-52　设置室内模型结构的 Shader

　　将屋顶石砖材质的 Shader 也设置为 Bumped Specular 模式，将高光色调为绿色，如图 9-53 所示。

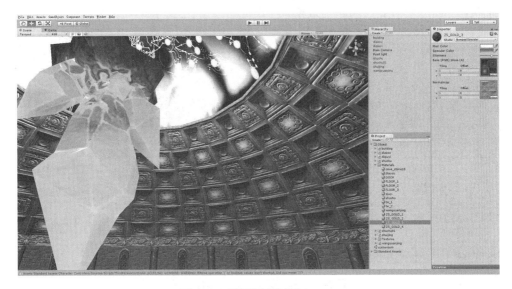

图 9-53　设置屋顶材质 Shader

将屋顶中央独立贴图的材质 Shader 设置为 Self-Illumin/VertexLit 模式，如图 9-54 所示，这里主要是为了配合后面的粒子特效制作。

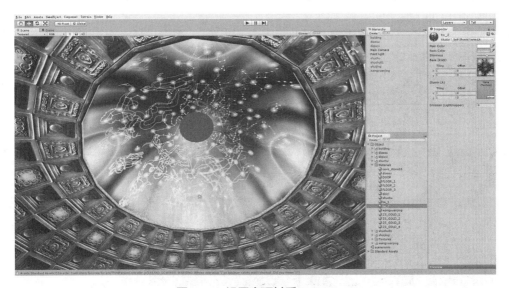

图 9-54　设置穹顶材质 Shader

所有 Shader 设置完成后，我们从项目面板的预置资源中调出第一人称角色控制器，并将其拖曳导入到室内场景中，方便整个场景的查看与浏览，如图 9-55 所示。这里需要注意的是，由于整个场景并没有制作碰撞盒，在运行游戏的时候角色控制器并不能与场景发生碰撞反应，所以需要对项目面板中场景模型进行设置，在 Inspector 面板中将 Meshes 选项下的 Generate Colliders 勾选，这样整个室内场景就生成了与自身网格模型一致的碰撞盒，角色控制器也能够在场景中正常真实的进行活动。

243

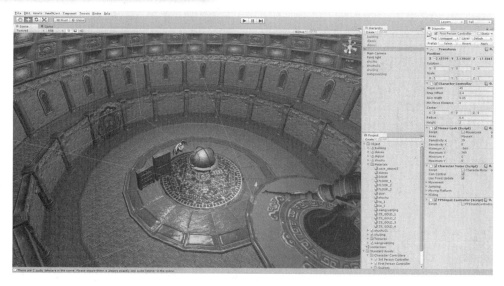

图 9-55　导入第一人称角色控制器

接下来我们正式开始场景模型的摆放和整合，这里主要是将各种场景道具模型摆放到场景的各个位置，首先将水晶模型移动到室内屋顶的正中央，将其作为整个室内场景的虚拟主光源（主光源的视觉模型），如图 9-56 所示。

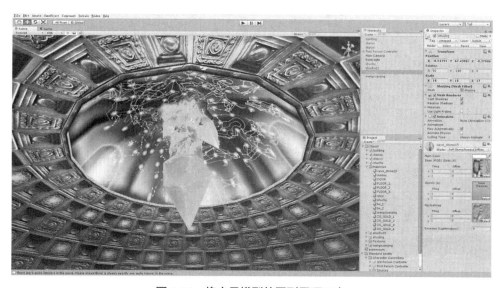

图 9-56　将水晶模型放置到屋顶正中

将望远镜模型移动放置到地面平台中央，让镜筒延伸出墙面的窗口，如图 9-57 所示。将雕塑模型和书橱模型利用复制（Ctrl+D）的方式紧靠墙壁间隔错落摆放，如图 9-58、图 9-59 所示。这样室内场景的整体拼接和整合就完成了。

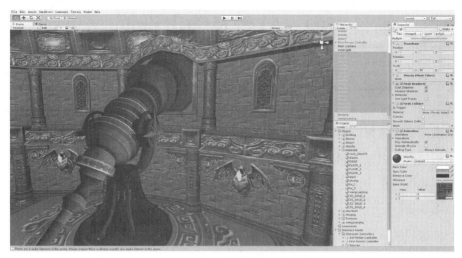

图 9-57　放置望远镜模型

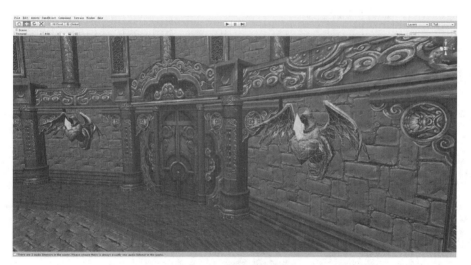

图 9-58　放置雕塑模型

图 9-59　将雕塑模型和书橱模型间隔错落摆放

245

9.4 场景光源、特效及输出设置

基本场景搭建完成后，我们需要为场景添加光源和特效，来增强室内场景的视觉效果，烘托场景的整体氛围。室内场景与野外场景不同，在野外场景中无论何时都会有一盏方向光来模拟日光效果，而在室内场景中照亮环境的光源基本来自于室内，另外有少数情况是光线透过窗户由室外照射进室内。对于本章的实例场景来说，整体为全封闭的场景结构，我们需要在场景中设定一盏主体光源用来照亮全局环境，另外需要设定若干次级光源来辅助照亮场景。

我们将房间屋顶正中央的水晶作为场景的虚拟主光源，在它附近创建一盏 Point Light 点光源来照亮整个场景，这里可以直接利用之前为了照亮场景所创建的点光源来进行参数修改，将 Range 设置为 60，光源颜色调为淡绿色，灯光强度设置为 6，勾选 Draw Halo 可以形成光晕效果，如图 9-60 所示。

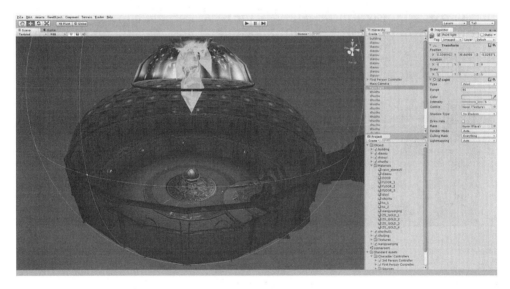

图 9-60 创建并设置场景主光源

将墙壁雕塑上的水晶作为次级虚拟光源，在其附近创建 Point Light 点光源来辅助照亮场景，将 Range 设置为 10，强度设置为 2.5，如图 9-61 所示，利用复制的方式快速完成其他次级光源的制作。

然后我们需要对 Unity 场景指定一个天空盒子，虽然整个场景为封闭的室内环境，但从望远镜伸出的窗口可以看到室外环境。单击 Edit 菜单下的 Render Settings 选项，在 Inspector 面板中为 Skybox Material 添加预置资源中的 MoonShine Skybox，如图 9-62 所示。

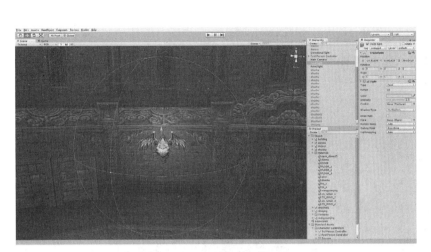

图 9-61　创建次级辅助光源

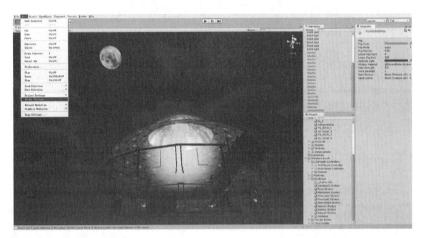

图 9-62　设置场景天空盒子

接下在场景视图中创建一个 Particle System 粒子系统，Shape 选择 Cone，调整发射器的形状为圆饼状，激活 Limit Velocity Over Time 选项，将 Speed 参数设置为 0，如图 9-63 所示。这样就形成了圆点粒子原地闪烁的效果，然后将粒子发射器移动到屋顶的半球形穹顶内，用来模拟星空效果，如图 9-64 所示。

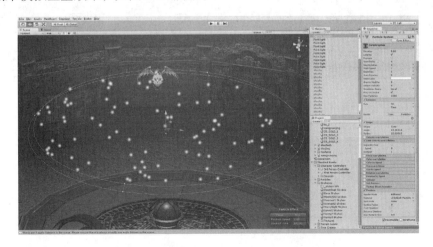

图 9-63　创建 Particle System 粒子系统

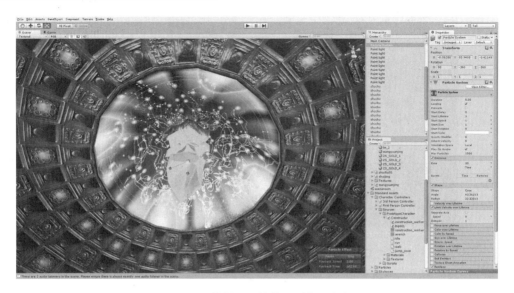

图 9-64　将粒子系统放置到穹顶中央

最后在场景中央水晶下方添加一束体积光特效，这样这个室内场景就制作完成了，如图 9-65 所示。我们可以将制作完成的游戏场景利用 File 菜单下的 Building Settings 命令进行导出，将其输出为各个平台下可独立运行的游戏程序。

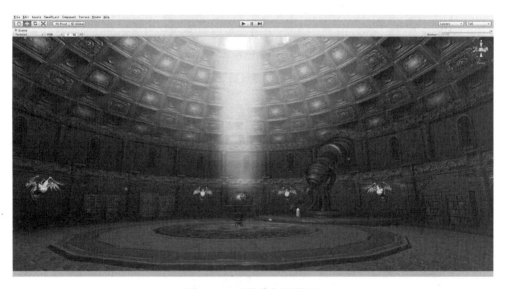

图 9-65　最终的场景效果

附录1 Unity3D引擎编辑器快捷键列表

Windows系统中Unity3D的快捷键

组合键		键	功能
			File 文件
Ctrl		N	New Scene 新建场景
Ctrl		O	Open Scene 打开场景
Ctrl		S	Save Scene 保存
Ctrl	Shift	S	Save Scene as 保存场景为
Ctrl	Shift	B	Build Settings... 编译设置……
Ctrl		B	Build and run 编译并运行
			Edit 编辑
Ctrl		Z	Undo 撤消
Ctrl		Y	Redo 重做
Ctrl		X	Cut 剪切
Ctrl		C	Copy 复制
Ctrl		V	Paste 粘贴
Ctrl		D	Duplicate 复制
Shift		Del	Delete 删除
		F	Frame selected 选择的帧
Ctrl		F	Find 查找
Ctrl		A	Select All 全选
Ctrl		P	Play 播放
Ctrl	Shift	P	Pause 暂停
Ctrl	Alt	P	Step 停止
			Assets 资源
Ctrl		R	Refresh 刷新
			Game Object 游戏对象
Ctrl	Shift	N	New Empty 新建空游戏对象
Ctrl	Alt	F	Move to view 移动到视图
Ctrl	Shift	F	Align with view 视图对齐
			Window
Ctrl		1	Scene 场景
Ctrl		2	Game 游戏
Ctrl		3	Inspector 检视面板
Ctrl		4	Hierarchy 层次
Ctrl		5	Project 项目
Ctrl		6	Animation 动画

组合键		键	功能
Ctrl		7	Profiler 分析器
Ctrl		8	Particle Effect 粒子效果
Ctrl		9	Asset store 资源商店
Ctrl		0	Asset server 资源服务器
Ctrl	Shift	C	Console 控制台
Ctrl		Tab	Next Window 下一个窗口
Ctrl	Shift	Tab	Previous Window 上一个窗口
Ctrl	Alt	F4	Quit 退出
			Tools 工具
		Q	Pan 平移
		W	Move 移动
		E	Rotate 旋转
		R	Scale 缩放
		Z	Pivot Mode toggle 轴点模式切换
		X	Pivot Rotation Toggle 轴点旋转切换
Ctrl		LMB	Snap 捕捉 （Ctrl+鼠标左键）
		V	Vertex Snap 顶点捕捉
			Selection
Ctrl	Shift	1	Load Selection 1 载入选择集
Ctrl	Shift	2	Load Selection 2
Ctrl	Shift	3	Load Selection 3
Ctrl	Shift	4	Load Selection 4
Ctrl	Shift	5	Load Selection 5
Ctrl	Shift	6	Load Selection 6
Ctrl	Shift	7	Load Selection 7
Ctrl	Shift	8	Load Selection 8
Ctrl	Shift	9	Load Selection 9
Ctrl	Alt	1	Save Selection 1 保存选择集
Ctrl	Alt	2	Save Selection 2
Ctrl	Alt	3	Save Selection 3
Ctrl	Alt	4	Save Selection 4
Ctrl	Alt	5	Save Selection 5
Ctrl	Alt	6	Save Selection 6
Ctrl	Alt	7	Save Selection 7
Ctrl	Alt	8	Save Selection 8
Ctrl	Alt	9	Save Selection 9

Mac系统中Unity3D的快捷键

组合键	键		功能
			File 文件
	CMD	N	New Scene 新建场景
	CMD	O	Open Scene 打开场景
	CMD	S	Save Scene 保存
Shift	CMD	S	Save Scene as 保存场景为
Shift	CMD	B	Build Settings... 编译设置……
	CMD	B	Build and run 编译并运行
			Edit 编辑
	CMD	Z	Undo 撤消
Shift	CMD	Z	Redo 重做
	CMD	X	Cut 剪切
	CMD	C	Copy 复制
	CMD	V	Paste 粘贴
	CMD	D	Duplicate 复制
	Shift	Del	Delete 删除
	CMD	F	Frame selected 选择的帧
	CMD	F	Find 查找
	CMD	A	Select All 全选
	CMD	P	Play 播放
Shift	CMD	P	Pause 暂停
Alt	CMD	P	Step 停止
			Assets 资源
	CMD	R	Refresh 刷新
			Game Object 游戏对象
Shift	CMD	N	New Empty 新建空游戏对象
Alt	CMD	F	Move to view 移动到视图
Shift	CMD	F	Align with view 视图对齐
			Window
	CMD	1	Scene 场景
	CMD	2	Game 游戏
	CMD	3	Inspector 检视面板
	CMD	4	Hierarchy 层次
	CMD	5	Project 项目
	CMD	6	Animation 动画
	CMD	7	Profiler 分析器
	CMD	8	Particle Effect 粒子效果

组合键		键	功能
	CMD	9	Asset store 资源商店
	CMD	0	Asset server 资源服务器
Shift	CMD	C	Console 控制台
Tools 工具			
		Q	Pan 平移
		W	Move 移动
		E	Rotate 旋转
		R	Scale 缩放
		Z	Pivot Mode toggle 轴点模式切换
		X	Pivot Rotation Toggle 轴点旋转切换
	CMD	LMB	Snap 捕捉 （Ctrl+鼠标左键）
		V	Vertex Snap 顶点捕捉
Selection			
Shift	CMD	1	Load Selection 1 载入选择集
Shift	CMD	2	Load Selection 2
Shift	CMD	3	Load Selection 3
Shift	CMD	4	Load Selection 4
Shift	CMD	5	Load Selection 5
Shift	CMD	6	Load Selection 6
Shift	CMD	7	Load Selection 7
Shift	CMD	8	Load Selection 8
Shift	CMD	9	Load Selection 9
Alt	CMD	1	Save Selection 1 保存选择集
Alt	CMD	2	Save Selection 2
Alt	CMD	3	Save Selection 3
Alt	CMD	4	Save Selection 4
Alt	CMD	5	Save Selection 5
Alt	CMD	6	Save Selection 6
Alt	CMD	7	Save Selection 7
Alt	CMD	8	Save Selection 8
Alt	CMD	9	Save Selection 9

附录2 Unity3D引擎制作游戏项目案例

《Bad piggies》

《Ballistic》

《Bladeslinger》

《Brick-force》

《City of Steam》

《Dreamfall Chapters》

《Legends of Aethereus》

《Pid》

《Ravensword》

《Robot Rising》

《The Door》

《Wasteland 2》

Unity 3D游戏场景设计实例教程

Unity 3D游戏场景设计实例教程

Unity 3D游戏

Unity 3D游戏场景设计实例教程

Unity 3D游戏场景设计实例教程